抱怨的艺术
不委屈自己、不伤害他人的说话之道

［美］盖伊·温奇博士 Guy Winch, Ph.D. / 著　李娟　王秀莉 / 译

The Squeaky Wheel
Complaining the Right Way to Get Results,
Improve Your Relationships, and Enhance Self-Esteem

上海社会科学院出版社
SHANGHAI ACADEMY OF SOCIAL SCIENCES PRESS

目录
Contents

致中国读者
前言　有效抱怨可以改变世界

第一章　会哭的孩子有奶吃

今天你抱怨了吗？　/ 6

抱怨的黄金年代　/ 9

有了委屈要说出来　/ 12

情感宣泄的安全指南　/ 15

抱怨是一种社交手段　/ 16

不抱怨的世界更美好？　/ 19

过时的投诉意见箱　/ 21

是什么阻碍了我们抱怨？　/ 23

不抱怨也会导致家庭不和　/ 27

网络时代的抱怨　/ 29

第二章　别让无效抱怨伤害你

破镜重圆情更浓　/ 35

网络抱怨的黑暗面——"哥怒了"　/ 38

你可以做到有效抱怨　/ 39

当心掉进自我实现预言的陷阱　/ 40
集体性的自我实现预言　/ 43
不要成为习得性无助的牺牲品　/ 44
憋出来的抑郁症　/ 48
谁该对问题负责？　/ 50
不同态度造成巨大差异　/ 52
你可以通过抱怨带来改变　/ 53

第三章　抱怨疗法——让抱怨为你树立自尊

因相亲不顺利而低自尊的女性如何重拾自信？　/ 60
伤不起的自尊　/ 64
有效抱怨帮你挽回自尊　/ 68
开口抱怨可能救人一命　/ 71
不做高危D型人　/ 74
究竟该抱怨什么？　/ 77
不需要医生的疗法　/ 80
日常抱怨疗法指南　/ 84

第四章　什么时候才该抱怨？

错误抱怨惹麻烦　/ 91
别让抱怨塑造你的性格　/ 95
过度抱怨等于作茧自缚　/ 96
你是怎么变成"可怜虫"的？　/ 98
抱怨不当会如何影响你的家庭？　/ 101
普遍存在的虚假投诉者　/ 107
讳疾忌医？你需要抱怨出来！　/ 110

别怕抱怨你的心理治疗师 / 115

抱怨是把双刃剑 / 118

第五章　一份美味抱怨的成分表

别让愤怒掌控你的抱怨 / 121

理智与情感 / 125

像禅师一样调节情感 / 126

重新建构，亲爱的，重新建构！ / 128

把抱怨做成三明治 / 130

一次只抱怨一件事 / 134

抱怨三明治的核心层 / 136

抱怨三明治的第三层 / 138

不是你的错，请说出来 / 139

影响真相的几个要素 / 140

找到投诉的正确路径 / 143

如何让陌生人乐于伸出援手 / 144

让抱怨三明治更美味的调料 / 147

第六章　亲密关系中的抱怨法则

痛苦婚姻关系中的抱怨场景 / 153

带来婚姻末日的第五位骑士 / 159

怎样用关系改良剂促进夫妻感情 / 162

不幸婚姻的终结者 / 169

如何对青少年抱怨 / 171

亲子关系中的"要求/退缩"沟通模式 / 172

维持良好沟通的"二八原则" / 174

男性间的友谊：无声胜有声 / 175

女性间的友谊：抱怨不嫌多 / 179

如何消化亲友的抱怨 / 180

第七章　搞定电话另一端的秘诀

让人抓狂的电话客服 / 189

揭开电话客服的面纱 / 192

避免化身公车站狂人的电话投诉技巧 / 194

电话客服的八个步骤 / 196

为何我们会对客服人员怒吼 / 198

重要的是相互理解 / 202

一个天堂般的电话客服中心 / 205

第八章　用抱怨改变社会

被抱怨推动的政府立法 / 215

赞美与抱怨同样重要 / 218

不要吝啬你的赞美 / 219

用抱怨拯救一棵树 / 222

发声比沉默更有力量 / 225

换一个灯泡需要投诉几次？ / 228

解救被作业淹没的孩子 / 229

如何缩短在医院排队的时间？ / 231

抱怨争取来的"如厕平等权" / 233

有效抱怨带来完美世界 / 234

作者说明 / 237

致谢辞 / 239

致中国读者

一直以来，我都想去中国走走。我渴望去看看中国的壮丽山河，体验它的神奇，见见迷人的中国人，这可以说是我多年的夙愿。在急切期盼实现这个梦想的同时，我也难掩兴奋之情，因为现在出现了一个难得的契机，通过《抱怨的艺术》一书，我有幸能与中国读者进行交流。

动笔写《抱怨的艺术》一书以来，我和来自世界各地的人们进行过交流。在这个过程中，我不时提醒自己，尽管我们的文化迥异，却拥有同样的向往。我们都渴望幸福，都想让我们自己和我们生活的社区更加美好，希望拥有亲密和相互支持的人际关系。

《抱怨的艺术》一书中，有些故事是以我的来访者为原型，有些人的故事我读到过却和他们素未谋面，另外还有一些是我自己的亲身经历。故事中的主角虽各不相同，却有同样的苦恼，那便是当需要大声说出我们的不满时的所思所感。我们是否要将自己的不满告诉配偶、朋友、同事、客服人员？这么做，对我们自己和他们都不容易，也令人不愉快。我写本书的初衷是想让大家通过有效地说出自己的不满，努力去寻求结果，在大大小小的方面创造改变，使我们能够以真正有效的方式来提高我们的生活质量、改善人际关系、提升我们的自尊和我们的心理健康，改善我们生活的社区。

我希望读者能够使用这本书中的方法来改善生活，变得更开心，更成功，与朋友和爱人更亲近，让这个世界变成我们全人类更美好的家园——所以，请不时地小小抱怨一下吧。

盖伊·温奇博士

2011年6月

前 言

有效抱怨可以改变世界

乘坐马车的时代，生活从各方面来说都要简单一些。马车轮子缺了油，就会吱吱叫，我们自然会给车轮加油。人和马车之间的反馈系统运作完美。（原书名为 The Squeaky Wheel，The squeaky wheel gets the grease 是一句美国谚语，意思为吱吱叫的轮子有油加。意近中国俗语"会哭的孩子有奶吃"。）

那时，我们的生存条件远比现在严苛，而我们在抱怨上花的时间却少得多。

如今，喜欢抱怨的天才们都将大量时间和感情浪费在了那些既无法得到回应、也没办法解决的事情上。从严重的全球问题到琐碎的日常小事，我们什么都抱怨。我们抱怨糟糕的政客时和抱怨蹩脚的修甲师一样兴致勃勃、斗志昂扬，抱怨战争和抱怨天气一样频繁（实际上，对天气抱怨得更多）。我们抱怨喜欢的肥皂剧里的角色，像抱怨自己的配偶或朋友一样直接而充满了个人感情。

不知为何，几十年过去，抱怨从目的明确且有效的行为变成了全国性的消遣。我们的国家充斥着无效抱怨者，他们对日常生活的挫折、愤懑和苦恼束手无策，不知道如何去有效地表达。从心理学角度来说，我们的抱怨行为是在大量浪费我们有限的感情资源。

没错，大部分抱怨对心理健康无碍，本身也无足轻重。但是它们就跟细菌一样，本身很微小，集聚在一起，规模就比地球上所有生物的总和还要庞大。我们大部分的抱怨微不足道（例如"真热"，"你迟到了"，"又是靠走道的座位"，"盐放少了"，"现在又太咸了"），但是这些牢骚堆积在一起，能盖过所有积极的言论。结果，抱怨变成了我们日常生活中的重要组成部分。

每年，商家花在处理消费者投诉上的金额高达几十亿，而现在，庞大的常规消费服务系统又多了竞争者。网络投诉行业在飞速膨胀，如"为我抱怨"网站（domycomplaining.com），你只需花费少量金钱就能获得投诉服务。现在，这些尝试者中有一部分已经吸引了数百万的投资。

由于累积的作用，抱怨行为对我们情绪和心理的影响是十分惊人的。无效抱怨伤害我们的自尊，导致抑郁和焦虑，妨碍我们的事业，浪费我们的金钱，摧毁我们的婚姻，令我们的孩子陷入吸毒的危险，某些情况下，还会严重威胁我们的身体健康和寿命。

多年过去，我开始将抱怨看作机会而不是障碍。我鼓励我的病人去更有效地进行有意义的抱怨，不再安于独自发泄，而是一定要得到结果。

说出抱怨而令问题获得解决，会让我们感觉自己有能力、有决断、有效率，而且充满智慧。它能提高我们的自尊，提升我们的自我评价；它能帮助我们和抑郁抗争，增进人际关系，挽救伙伴情谊，加深友谊。

抱怨不应只是用来发泄情绪，它还是一个工具，可以让生活的许多方面获得巨大改善。当我们投诉某项产品，促使其改进，其他消费者也将从中获益。70岁高龄的悉尼·霍泰德写信给路易斯安那州的泰勒博恩县县长米歇尔·克劳代投诉当地游乐场的危险设施，让社区中的孩子们享受到了更安全的设施和更先进的设备。有效的抱怨者能让整个社区乃至整个国家受益。试想一下，如果大多数人都学会了有效地对真正重要的事情抱怨，我们将给整个世界带来多大改变？

大多数人都不反对成为有效的抱怨者，只是不知道该如何培养这些技能。我踏上自己的抱怨之旅时，也遭遇了同样的问题。但是随着时间推移，经历过许多尝试和失误，我的抱怨技巧也获得了改进和提高。开始时，我用这些技巧来处理自己在日常生活和消费过程中的抱怨，随后，我在咨询过程中指导我的病人处理他们的抱怨。

这本书是我朝着这个方向迈出的第一步，也是帮助大家完成这个任务的工具箱。是时候让抱怨恢复它原本的作用了，它曾经是，现在也应该是一个有用的沟通方式。

第一章
会哭的孩子有奶吃

The Ineffective Squeaker Doesn't Get the Grease

感谢丽莎给世界各地的孩子们上了宝贵的一课。如果事情不遂愿，就请继续抱怨吧，直到目的实现。

——比尔·克林顿《辛普森一家》
（*The Simpsons*, 1989）

千禧年过去，人们都以为20世纪90年代中期开始刮起的纽约房地产风暴应该停止了——网络公司泡沫化，经济衰退日益严峻，9·11恐怖袭击事件更是令这个渴望重归宁静和稳定的城市雪上加霜。然而出人意料的事情发生了，纽约的房地产热并未消退，反而持续高涨。这全托了房地产开发商和私人投资者的福，他们被市场表面持续繁荣的假象迷惑了。

仅存的几块地皮和空地像是鲨鱼池中的肥肉一样被抢夺一空。一夜之间，老旧的工业建筑摇身一变成了崭新的豪华公寓，外观毫无新意，内部格局更是千篇一律，门卫穿得像浑身流苏的玩具士兵。纽约并未回归宁静和稳定，变化无处不在。

就在不久前，我租住了六年的公寓被转手了，新业主迫不及待地把它变成了商用公寓，以赚取比原来多一倍的租金。我开始寻找新的住处。大部分新楼都面向"豪华租赁"市场，我很快发现，这些"豪华"公寓其实并没有比我之前居住的公寓更大或更现代化，只是租金是它的两倍。一位极为傲慢的楼盘经理说："先生，我们有24小时制服门卫，在每间公寓里装配了六灶专业烤箱和坐浴盆。"这些对于我来说都不是必需品，显然，"豪华"与我无缘。

我很快找到了一套难得的公寓，位于高层，阳光充足，视野开阔，当然，没设门卫。这栋楼一开始开放入住，我就搬进去了。搬家工人一走，我就穿过一排排包装箱和没有拆封的家具，直奔窗口，推开窗，探出身，深深吸了一口还算新鲜的曼哈顿空气。然后，我低下头，结果看到了南曼哈顿区最令人恐怖的空旷——一块空地。

我立刻明白，这种阳光明媚、视野开阔的日子已经屈指可数了。我朝外看，想象着混凝土建筑破土而出，挡住清晨的阳光，就像永不消失的水泥日全食。我的心跌入了谷底。

我有个朋友从事建筑行业，我立即给他打了通电话。

"两边的建筑物有多高？"他问。

"一侧是14层，另一侧是独栋矮层的赤褐色砂石建筑。"

"那新楼也是14层。"他很确定地说，"旁边的赤褐色砂石建筑意味着新楼的高层可能是内凹的，这样清晨和下午你还是能得到直射的阳光的，但中午就甭想了。"

"这我倒还能忍受。"我答道，大大松了口气，新家能继续享受阳光，这对我来说已经足够了。

挖掘终于在一个周一早晨的六点半开始了（尽管是在好几个月之后）。很显然，用"挖掘"这个词不太严谨，手提钻和推土机是奈何不了曼哈顿地下的岩床的，纽约市之所以有如此多的摩天大楼，就是因为它有地球上最坚硬的岩床——曼哈顿片岩，这种岩石只有使用巨型机械才能钻动。早上吵醒我的钻孔声是如此震耳欲聋，走到窗前时我甚至还没完全清醒，我扯开窗帘，只看到巨大的黄色机器颤抖着，像是在跟下面的岩床搏斗。我握紧了拳头，低吼了一声："该死！"

噪音令人无法忍受，尽管我的窗户用的是很厚的玻璃，上了起码有一盒甜甜圈那么多的釉，但依然不是曼哈顿片岩的对手。更让人恼火的是，钻孔机制造出来的剧烈震动，使得墙壁颤动，盘子咯咯响，连客厅里的家具都被震得东摇西晃。

那天晚些时候我问那个建筑业的朋友："这个还得搞多久？"

"钻孔嘛，很快就完了，"他安慰道，"顶多六周。"

六周在我看来简直就是遥遥无期。然而我又发现我窗外的这栋"豪华出租房"还要建一个地下车库，地基比我朋友之前预计的要深。

"到底有多深啊？"第二天我问他。

"还要再加两个多月吧。"他回答道。

"什么？"听到这个消息我感觉五雷轰顶，"你是说我得每周五天都忍受这些噪音和震动，还要连续忍受四个多月？"

"不不不。"他赶忙纠正，好像我说的话多荒谬似的，"他们一周工作六天，不是五天。他们星期六也钻，"他解释道，"不过周末的时候，他们不得在上午八点之前开工，所以你可以睡会儿懒觉。"很显然，对方对"睡懒觉"的定义和我大相径庭。这简直是一个噩梦！

我所居住的整栋楼都处于喧嚣的状态。震耳欲聋的噪音成了住户们在走廊、大厅和电梯碰面时唯一的话题。住在南面房间的住户异常痛苦，我的邻居们纷纷给物业公司打电话、写信，投诉噪音问题。当然，这些交流有的很文明，有的则激烈些，但得到的答复是一致的——我们的业主和这个新建筑毫无关系。对此，他们也无能为力。

确实，我也不应该对他们抱有什么期望。那个年代的纽约，物业拥有一切权力。我听说过几起类似的情况，但没有一个住户从物业公司那里得到任何折扣或补偿。我很想向物业公司发泄不满，但我知道这绝对达不到目的。相比进行一次令人沮丧的无意义的尝试，我选择了痛苦地忍受。

我只忍受了两天。周五，一场悲惨的感冒让我整夜失眠，我在凌晨终于进入睡眠，但睡着还不到一个小时，钻机就开始工作了。我的头像在被锤击，鼻窦炎开始发作，碗盘在跳舞，片岩终于把我惹毛了。

我决定写信给我的房东要求减房租，这在我自己听起来都觉得荒唐可笑。第二天我写了一封自己能构思的最好的信，并寄了出去。我没想过会得到回应，除非他们想嘲笑我的天真可笑。然而，两天后，我接到了物业公司经理亲自打来的电话。

"我们接到了很多有关这个噪音的投诉电话和信件，很多，当然，那个建筑和我们没有任何关系，我之所以联系你，"他立刻解释道，"你要知道……你那封信写得真不错。"他顿了顿，最后宣布道，"我会给你减点房租，并将租期延长几个月，反正我得起草一份新合同。"电话差点儿从我手中掉下去。钻孔就那么几个月，而他会在钻孔结束后的六个月里都给我减少房租！

"非常感谢！真的非常感谢！"我深感震惊。当天下午我就去了他的办公室，签了一份减少了房租的修订版租约。

今天你抱怨了吗？

这段插曲让我感激，但同时也让我非常好奇。几乎每位受到影响的房客都进行了投诉，许多人也要求暂时降低房租，不过都被拒绝了。有些人说甚至没有人搭理他们。为什么他们失败了而我的那封信却成功了呢？我分析那封信，试图找出到底哪些地方起到了"有效成分"的作用，分析这些成分是否也同样适用于其他情况。

首先，我知道这个情况不是物业公司的错，所以，我竭力克制自己，不让语气流露出怒气或指责。写信的时候，我的情绪其实并不怎么平静和理智，另外我也清楚默读的时候我们会比较难察觉其中包含的责难和愤怒，所以，为了确保措辞和语气，我在寄信之前把信大声地朗读了一遍。

其次，我知道我没有立场向物业公司索求任何东西，因为对于这个工程的噪音，他们没有责任，无论这些噪音给我带来多少痛苦。如果我希望他们给我一个解决方案，我就得给他们一个做这件事的动机。

所以，这封信一开头，我就保证说，如果他们给我减租的话，我将会非常感激。我是在要求他们单纯因为心中的善意而帮助我，而真诚的感激是在这种情况下唯一有价值的东西。信一开头就表达我的感激之意，是我能给他们提供的最佳动机。

我将在第五章里全面分析这封信，列出一个简单、基础而广泛适用的公式，在任何情况下，都可以依据这个公式写出一封有效的投诉信。在给物业公司写信时，我还不十分了解我们投诉背后的心理。不过，我的好奇心被彻底激发了，我开始密切观察大家是怎样投诉的——不论是在我的诊所里还是在个人和社会生活中，都从心理学家的角度来分析问题。我还开始深入研究关于抱怨心理学的文献。

观察和研究的结果让我既惊讶又迷惑。尽管现在，我们对生活各方面的抱怨都多于以往，但却几乎完全没有获得结果！怎么可能呢？大量的投诉实践和经验应该磨砺了我们投诉的技巧，而不是让它变得更迟钝。为什么我们的投诉越来越多，解决的问题却越来越少？更重要的是，为什么我们没有意识到这个情况并做点什么来阻止这种下降趋势呢？

我们都遭遇过餐馆里的劣质服务、政府工作人员的冷漠对待或是公共医疗卫生服务人员的大吼大叫。我们等待了很久也没有上菜；我们乘坐的出租车脏乱不堪；当收到购买产品的错误信息，或是等待迟迟不来的电工时，我们的挫败感都会增加，充满了抱怨的冲动。我们也确实抱怨了。我们经常把令我们愤怒、痛苦的事情讲给朋友、家人和同事们听。必要的时候，我们甚至会向厕所里遇到的陌生人或机场酒吧的酒保吐苦水。

奇怪的是，我们都不会直接向餐馆经理、出租车司机、供电公司或他们的主管进行投诉。有权解决投诉和处理不满的人往往是唯一不会听到我们怨言的人。

在个人生活中我们也是如此。当我们对某个朋友、亲人或是同事不满时，他们通常是最后听到我们不满的人，甚至他们根本就听不到。相反，我们会不停地向其他朋友、其他亲人或其他同事抱怨他们。

我们乐意把自己的抱怨告诉任何人，除了最应该听到的那个。这种抱怨是最最无效的，但所有人都或多或少这么做过。怒火中烧时，我们会发泄，然后似乎非常满足地看着它们飘浮起来，粘在天花板上，然后虚张声势地瘪下去，化为无形。但当真正有必要用抱怨来解决问题、做出决断的时候，我们却从没想过抱怨。

目前已经全球闻名的抱怨合唱团，可能算是我们抱怨无能最有力的证据。这个运动由芬兰视觉艺术家奥利弗·科塔-卡赖内恩和他的妻子泰莱尔沃·卡赖内恩共同发起，他们希望将人们耗费在抱怨上的巨大能量变成某些积极的东西，而他们觉得"积极"的做法就是让人们在合唱团里大声唱出自己的抱怨。有真正的作曲家为他们作曲，他们穿统一的衬衣，拿着曲谱，同声哀号——他们将抱怨变成了一场表演！

2005年，这对夫妇首次在英格兰的伯明翰登台表演。自此之后，抱怨合唱团就在全世界遍地开花，四处巡演。有些表演视频在Youtube的点击率过百万。从歌词来看，他们抱怨的都是常人会遇到的事情——不好用的手机电池、恼人的老板、爆满的停车场，等等。其中最流行的一点抱怨是公共厕所里面没有卫生纸，这显然已经成了一个国际问题,他们在歌中一遍遍地控诉:"这不公平!这不公平!"

抱怨的黄金年代

马萨诸塞州莱恩斯伯勒的亨利·惠勒·萧将"吱吱叫的轮子有油加"这一习语带入了美国文化。他年轻的时候从事过多种职业,甚至做过矿工和农夫。1858年,他定居在纽约波基普西,开始用乔希·比林斯的笔名写稿。他的首批作品反映了他饱满的激情和他的日常生活,如沉思文《驴上随笔》。可惜这些早期尝试反响不佳。为了说明他的主题值得坚持,比林斯决定将他最喜欢的文章用他那离奇、独特的语言风格来改写一番,像是故意拼错俚语之类。结果,诙谐的《骑驴得一文》立即引起了轰动。

比林斯继续写那些民间风味的俏皮话和充满错误俚语的短诗,例如《王牌》。就这样,他开创了一种语言风格,它和现在的城市文化及嘻哈风尚有密切联系。比林斯走在了时代前面,赢得纽约著名记者和幽默大师的声誉,成为同时代文学圈炙手可热的人物。有人甚至将他奉为自马克·吐温之后美国最伟大的作家和文学家。比林斯的文章不仅流行,还颇具影响力。许多充满他个人风格的表达方式都成为一时流行的俚语。例如,"Just Joshing(乔希Josh与开玩笑Joking近似)"这个习语就来源于他的笔名,并流行至今,只是说这话的人以耄耋之年的老人居多。

可惜,大部分比林斯的创作并未留存在现在的语言中,而流传下来的都可谓是珍宝,例如:"错误能从缝隙溜过,而真理却会被困在门口。"又比方说:"一条腿的鸡是最不容易刮伤花园的(引申意义为:手无寸铁的人是最不容易对别人造成伤害的)。"我们无法知道后一句到底是关于残疾家禽的至理,还是在向灰心的园丁推荐特殊解决方案。总而言之，《爱发牢骚的人》是乔希·比林斯最著名的作品。

> 我讨厌发牢骚
> 我总是渴望和平
> 但是吱吱叫的轮子
> 总能得到油

　　它的寓意是不管我们多讨厌抱怨，有时候发发牢骚抱怨两句，搞出点动静来以获得关注，还是有必要的。比林斯的态度表明了他那个时代对待抱怨的观点。除非有工作要做或有任务要完成，否则人们不会无故发泄。在比林斯生活的时代，日子过得应该很艰难，这意味着那时的人对"值得抱怨的情况"的概念与现在大相径庭。因一周才经过小镇一次的火车晚点了20分钟而抱怨，简直可以说是愚蠢荒谬。

　　人们将抱怨作为最后不得已而采取的方法，它们像是发射出去的子弹，通常都瞄准了正确目标。如果马掌不合适，你会将它送去铁匠那里重新做（也许在他矫正的时候，你还会不屑地朝那个手艺不过关的学徒投以不满的一瞥）。如果一个人抱怨太频繁或不必要时也牢骚满腹，他就会被贴上"抱怨者"的标签，这个词在当时像现在一样毫无奉承之意。

　　如果比林斯活到今天，毫无疑问他会认为我们中的大多数人都是"抱怨者"。如果他得知我们没有节制地抱怨频频，却没任何作用，肯定会惊恐莫名。但是为什么我们对抱怨和它的功能的整体观念发生了如此巨大的转变呢？是什么导致我们抱怨心理的巨大转变？

　　格雷格·伊斯特布鲁克（Gregg Easterbrook）在他2003年出

不管我们多讨厌抱怨，有时候发发牢骚抱怨两句，搞出点动静来以获得关注，还是有必要的。

版的《进步的矛盾》（*Progress Paradox*）一书中指出，过去的一个世纪，人们的生活变得更美好、更舒适了，但大多数人却更不快乐了。我们的期望值急剧上升，令我们更容易感受到失望和挫折，以致抱怨的机会大大增加。而且，我们的生活也变得愈发复杂了。我们面临着各种过去不会有的五花八门的失败和懊恼。

乔希·比林斯不用处理有线电视故障、维修工不诚实或手机信号不好等问题。我怀疑他妻子是否会和他讨论她在性生活、子女教育以及夫妻交流方面的不满。当然，我们不过是妄自揣测比林斯当时的生活是多么简朴。但不管怎么说，那个时代的人多半都是在围绕着骡子生活而已。

伴随社会进步而来的是成倍增长的挫折，人们的抱怨量也随之大幅提高了。当我们的抱怨量到达临界点，我们就会被它们压倒。抱怨太多无法吸收，导致我们变得麻木，越来越不把他人的抱怨当回事，自己的抱怨也变得无关紧要了。英国新成立的一个网络社交群组只为了一个目的——抗议吉百利 Wispa 巧克力的停产，但它已经吸收了超过十万的成员。我真的怀疑，在比林斯时代，人们会为了自己喜爱的零食停产而如此大张旗鼓吗？

结果是抱怨的真正功能已被忽视，现在我们只为一个原因抱怨——发泄感情。发泄是一种重要的心理过程，它能释放积累的负面感情。这些感情如果得不到释放就会带来紧张感和精神压力。只要适度，释放这些感情就是健康的，是心理调节的一种重要手段。但是如今大多数人连宣泄都找不到正确的方式。

有了委屈要说出来

瑞秋是我的一位来访者。有一次，她和交往了几个月的男友一起去酒吧，她发现男友不停地瞟另一个女人。她叫他别再看了，结果两人当众吵了起来，男友当场与她分手，然后直接找那个女人搭讪去了，留下瑞秋慌张而难以置信地站在那里。她坚强地忍住泪水，直到冲进女厕所后才失声痛哭起来。

瑞秋冲到镜子前的时候，一个女人正在旁边补妆。

"天啊，男人真他妈的浑蛋！"瑞秋揉着眼睛，气急败坏地说。

在这种情况下，绝大部分女性都会或多或少地表示同情，但瑞秋并没有这么走运。那个女人回答说："哦，是吗？那我又怎么知道你不是浑蛋呢？"她瞪了瑞秋一眼，再没说什么就离开了。瑞秋顿时哑口无言。

显然，尽管瑞秋表达了她的情感，但她并没有得到发泄后的内心平静。她说出不满只是为了发泄自己的痛苦，如果那个女人只是毫无反应的离开，这次的遭遇虽会令她无法满足，但远远不至于令人难以忍受。

瑞秋不是特例，现在大部分人几乎都仅为发泄而抱怨。在过去，宣泄不过是抱怨的一种附加收益，一种我们主动处理问题时得到的额外补偿。但现在它已经由次变主了。当然，宣泄并非毫无价值，我们抱怨时，也希望能够消除不满带来的沮丧、愤怒和懊恼。实际上，这种"一吐为快"会带来显著的轻松感，是缓解内在压力的导泻药。我们直言那些令人厌烦的牢骚，正是为了体验发泄之后的放松和宽慰。

然而，带来这种宣泄感的并不是大声说出抱怨，而是有人来听我们抱怨。对着空荡荡的房间抱怨并不能缓解任何情绪，惯于抱怨的人最能体会这一点。漫长的一天过去，主人会对着门口摇尾迎接他们的狗倾诉，"老板今天又让爸爸抓狂了"，在这样抱怨之后，我们可能会因脸被狗儿兴奋地舔着而略感欣慰，但这并不会带来好好宣泄之后那种发自内心的轻松。它就跟对着语言不通的人抱怨一样令人难以满足。

要得到真正的心灵解放，我们需要确定别人能够"感同身受"。我们所能体会到的心灵解放和宣泄压力的快乐程度，取决于倾听我们抱怨的人是否能准确地理解我们表达的情感，是否发自内心地对我们的困境表达同情。简而言之，这种情况下，我们需要让听众给予我们在情感上的安全感。倾听者给予我们的慰问和同情越多，我们就越会感到如释重负。

正因为我们的诉苦主要是为了宣泄情感，决定该对谁诉苦便极为重要。瑞秋进入休息室时显然是一肚子火，但是另一个女人对她的痛苦却视而不见。倘若她说了"你还好么"或是"这儿有纸巾"，又或者是在瑞秋泪流满面的时候给她一个同情的眼神，那么接下来，她就更可能对瑞秋表达出善意。但她完全没有给出这样的信号，她从头至尾都表现得缺乏同情心，然而瑞秋起初并未察觉，直到后来和我交谈的时候她才明白这一点。

"我并没有直接到镜子前，因为我先去拿了纸巾。她看见我放声痛哭却什么也没说，我那时就应该意识到她是一个冷酷无情的婊子。我不过是希望她能对我说点儿友善的话而已。一句'是啊，亲爱的，男人都是浑蛋'就足够了，甚至只需要说句'让我帮你补补妆吧'。为什么她就不能这样说呢？"

瑞秋当然没错。如果她的抱怨能得到简单回应，她就能得到一点急需的情感宣泄了。她的遭遇凸显出抱怨背后隐藏的许多危险（我们将在第四章更详细地讨论这些安全隐患）。那个女人的无情给瑞秋造成的心灵创伤，几乎等同于男朋友的行为对她造成的伤害。事实上，瑞秋在与我的谈话中倾诉的更多的是那个女人的态度，而非那次分手。

情感宣泄的安全指南

在为寻求情感安慰而抱怨之前，我们应经停下来问自己三个问题（尤其是在感到自己内心脆弱不堪或易受伤害的时候）。

首先，我们倾诉的对象能否理解支持我们？如果我们对对方不够了解，就该花点时间来分析下现有的迹象。例如，当我们不论用哪种方式表现出痛苦时，他是否表现出了关心，哪怕只有一点点？如果他没有，就像瑞秋遇到的那个女人一样，我们就应该去寻找新的倾诉对象。

第二，我们倾诉对象的处境是否适宜表现理解和支持？比如去医院探望遇到车祸的朋友时，我们最好将找个停车位有多难的抱怨留给自己。

第三，抱怨的话题是否与我们的倾听者有关系？大学时的老室友已经工作并小有成就，他抱怨去热带地区度寒假时被晒伤，大多数为综合考试忙得焦头烂额的研究生肯定不会给予他热切的回应。

幸运的是，瑞秋的遭遇并非普遍现象。发泄情感大多能令人感到心满意足，尤其是在选对了听众，得到了他们发自内心的同情和理解的时候。我们能强烈感觉到内心压力释放后的轻松感。即使在几年后，这样的对话仍会在我们脑中生动浮现，想起那些倾听者时也会倍感温暖。

在许多情况下，单纯用抱怨来发泄情绪不仅仅是有效的情感策略，也是我们能利用的最有效的手段。那些照料老人、病人、儿童和生病动物的人，还有其他服务工作者，他们都有积累焦虑和紧张情绪的危险，因为他们必须更多为对方着想而无暇顾及自己的感受。新生儿的母亲经常会在对话中抱怨那些无眠之夜多么令人筋疲力尽，她们要不停地安抚啼哭的孩子，往他们的尿疹上拍粉，还要清理突如其来的呕吐物。在抱怨过程中卸下重担，得到一些情感慰藉，能使他们获得心理上的放松，这种能量强到足以为耗尽的心灵电池重新充满电。

现在的问题是，这种理想的宣泄经历相对少见。我们的抱怨大多不会带来情感方面的快感。在我们每天发出的无数抱怨中只有极少数能争取到一点点的同情，更不用说最大的情感慰藉了。这就好像吸烟者每天吸两包烟，但真正给他们带来享受的只有一两支。

实际上，相反的情况更是常见。我们的抱怨往往伴随着无法预测的后果。无效抱怨产生的影响会累积，它能够腐蚀我们的精神，破坏我们的幸福感。我们会发现自己被贴上了"哀号者"或者"办公室抱怨者"的标签。有些人只不过是因为发泄了不良情绪，便失去了朋友，被人告上法院，被公开嘲笑甚至被杀害。

鉴于这些危险以及寻求情感慰藉的不确定性，我们的抱怨必须还要具备其他功能。单纯为了情感宣泄而抱怨实在太无效了。事实上，我们的不满、抱怨和悲叹经常带有潜台词、言外之意或暗示，它们除了抱怨的表面意思，还有其他目的。就像我们自身一样，我们的抱怨也肩负着多重任务。

抱怨是一种社交手段

克莱姆森大学的心理学教授罗宾·科瓦尔斯基（Robin Kowalski）教授算是抱怨心理学领域的领军人物。她的研究还涉及欺凌、戏弄、毁坏公物、欺骗以及背叛等行为。科瓦尔斯基教授将抱怨定义为："无论主观与否，抱怨是一种不满情绪的表达，其目的是发泄情绪或者达成某种心理目标或人际目的，或者二者兼而有之。"

科瓦尔斯基对于抱怨的定义清楚地指出抱怨的一个主要作用是实现各种目标。然而，当在研究人们为什么抱怨时，她发现人们抱怨时并没有把达到某个具体目标当作抱怨的主要动机。事实上，科瓦尔斯基发现除了发泄情绪之外，抱怨还具有几种重要的社交功能。

抱怨的第一个功能非常像酒精。抱怨在各种社交活动中发挥着润滑剂的作用，而且非常管用。回想一下过去或最近你跟重要约会对象的首次约会。你会寻找彼此的共同之处，那些使你们能联系在一起的喜好或厌恶，以便能够了解对方。很多时候，了解都是从抱怨开始的。譬如，一个人说："我讨厌那部电影！"对方也许会回答："你也讨厌那部电影？噢！天哪！我们真是心有灵犀！"

用抱怨来拉近人际关系有多种方式。"你觉得天气热吗？"这句话我听到过无数次。而且它还有冬季版："他们不是说全球温室效应了吗？可是外面还是冻死人了！"不论这些抱怨是否与我们有关，它们通常都是良好对话的开端，帮助我们找到开启互动的共同点。

同样的，科瓦尔斯基发现人们抱怨的第二个功能是建立某种社交形象或者是在某一方面展现自我。想象一下，你已失业数月，并且已经通过了你梦寐以求的工作的头几轮面试。你未来的老板邀你共进晚餐，让你慌张的是，他们都是品酒专家。一瓶典藏酒被打开，酒香四溢，接下来就该品酒了。专家甲露出痛苦的表情："不怎样。"专家乙抿了一小口，然后马上皱起了眉头："太让人失望了吧！"专家丙不耐烦地附和："他们也许还放了水果切片和樱桃呢！"现在轮到你了。你并非专家，但是你极度渴望得到这份工作。你尝了一口酒，发现非常香醇，难道你会说"我喜欢！把你的给我吧"？恐怕你会附和未来老板，抱怨道："太可怕了！这到底谁酿的！果汁厂吗？"

抱怨的第三个功能是为我们提供对比，以便在各种情况下评估自己的形势。例如，一位参与新舞台剧复试的演员从试音间里走了出来，遇到了一位在他之前试音的同行。

一号演员可能会通过抱怨试探二号演员的表现："哥们儿，嘴巴里有假发太难唱了啊。"

如果二号演员回答道："兄弟，你还算幸运！我还没带上假发，就被喊停了。"这对一号演员来说无疑是个好消息。

最后，科瓦尔斯基发现抱怨是寻求解释的一种途径。

例如，当父母经过青春期的孩子脏乱的房间时，通常会抱怨："为什么每次都只有我一个人在打扫呢？"这样的抱怨是有潜台词的。这句话的本质是要求孩子为自己的行为负责任，同时还要求孩子一起帮忙做卫生。许多父母在这样抱怨时都希望孩子不是只听表面意思，而是了解他们的潜台词。当然，结果往往事与愿违，他们的期待并不太可能实现。

我猜任何十几岁的孩子都不会对这样的抱怨表现出共情并回答说："哎呀！妈妈，你是对的！我怎么能这么自私呢？现在，你坐下来休息吧，把洗涤剂给我！"对于父母的抱怨他们最有可能的回应是："你挡住我看电视了！"

事实上，以抱怨的方式来提出要求绝不是获得帮助或者激发责任心的有效途径。比起对孩子发牢骚，父母一声"给我停下你正在干的事，过来帮我打扫卫生"的命令或许能得到一个好点的回应（参考第六章如何对青少年抱怨）。

将抱怨作为一种社交手段而非寻求实际结果的途径，也是我们的抱怨比从前多的原因。科瓦尔斯基同意伊斯特布鲁克的观点，50年过去，我们期盼的比过去要多得多。我们希望得到更好的服务、更快的结果、更多的方便，无论是来自商家厂家还是我们的亲朋好友。当这些期待未能得到满足时，我们的不满便会与日俱增，于是我们就开始源源不断地抱怨了。

不抱怨的世界更美好？

现在，我们将抱怨视为一种没有多少实际功能的社交手段，但是如果我们都能够更有效地抱怨，我们就能从很多方面改善我们的生活。有效的抱怨能够为我们带来社区的重大变革，为我们提供更好的公共服务，改善婚姻关系，丰富人际交往。我们可能会出于对家人安全的关心而向市政当局抱怨在某个交通繁忙的路口缺少交通灯，但这会造福所有邻里。如果我们向一个公司投诉一件商品的质量问题，令他们对此进行改良，那么其他的顾客也会从我们的行动中获益。如果我们更严肃地对待我们的抱怨，令其更有效用，对我们个人和整个社会都会有好处。我们会在第八章中看到，一桩有效的投诉，甚至会给全国乃至全球的人民带来益处。

不过，尽管拥有潜在的社会效益，我们的抱怨还是通常被视为社会上的麻烦事。事实上，它正面临着严重的形象问题，成为人们眼中令人生厌的事物，可怕到近来的公众演讲已聚焦于如何显著减少抱怨——最好能令它完全消失，当然这不太可能。近年来，社区和宗教领袖们已经开始倡导大家节制抱怨。《不抱怨的世界》一书的作者威尔·鲍温牧师就是主要倡导者之一。

鲍温牧师坚信抱怨不仅影响个体，还会危及社会。2006年，鲍温在密苏里州堪萨斯城发起了21天不抱怨运动。这个任务比人们想象的困难得多。这位优秀的牧师很快便发现，许多人都极大地低估了自己的抱怨量。为了帮助他的教会会众，他给他们分发了紫手环，让他们戴在手上，时刻提醒自己不要抱怨。当人们发现自己在抱怨时，就将手环换到另一只手上，然后重新开始计时。

牧师自己花了三个多月的时间才完成了那项连续21天不抱怨的任务，他相信自己成了一个更快乐的人。鲍温深信，如果少点抱怨，那么世界也将会更快乐。他成立了一个机构，旨在号召世界上1%的人（约六千万人）成为爱好紫色的不抱怨者。

在有人嘲笑他的雄心壮志之前，我必须声明一点：鲍温的网站自豪地报道说，已经有近六千万条紫手环销售或分发出去了，他的初步行动已经使得数百万的潜在抱怨夭折，使这个世界摆脱了不可估量的负面情绪影响。

这样的想法听起来很棒。不过，尽管鲍温认为我们抱怨得太多没错，大多数心理学家可不会推崇他的解决办法。不抱怨并不会让我们更快乐，也不会让我们身边的人更快乐（不过针对习惯性抱怨者确实会如此）。记住，鲍温可没说不抱怨就可以避开导致我们抱怨的那些负面情感，如不满、失望、挫败等等，他仅仅是建议我们在遭遇它们时别把抱怨说出口。

但是，在遭遇负面情感时不去表达，而是藏起来，绝对不是令心理健康的好办法（或者说是令世界和平的好办法）。

其实事实完全相反：压抑情感的宣泄并不可取。科瓦尔斯基指出，抑制我们的真实感觉会使一些人更易于陷入抑郁。事实上，依据科瓦尔斯基的观点，抑郁还不是最严重的问题，"那些抑制情感抒发的人也许会使自己变成D型人格。这种D型人格的特点就是压抑情感，不表达。"

D型人格会极大提高患冠状动脉疾病的风险（第三章我们会提到一个D型人格的案例，分析D型人格抱怨的风格以及与此相关的疾病）。

鲍温的行为显然是出于好意。而且在维护自身权利时，他是个非常有效的抱怨者。有数百万人回应过他关于抱怨的抱怨，这就是证明。然而，我们的"抱怨文化"里根深蒂固的真正问题不是我们抱怨得太多，而是相当多的抱怨都是无用的，是没有任何成果的。减少我们抱怨的最好方法不是停止抱怨，而是更有效地抱怨。如果我们的抱怨更有成效，那么引得我们恼怒和不满的事物就更有可能改进，哪怕进展缓慢。最终，我们抱怨的理由也会越来越少。

过时的投诉意见箱

虽然我们不再认真对待我们的抱怨，但是企业、公司甚至政府还是十分重视它们。短短30年里，客服部门已经从安置后进员工和边缘人物的"垃圾场"变成了技术先进且拥有数十亿美元资产的部门。

公司花费数十亿美元来处理投诉，提高消费者满意度。值得特别注意的是，40年前，大多数公司对客户服务的投资不过是在旧的投诉箱被人不小心弄坏之后设置一个新的投诉箱。但在1973年，高瞻远瞩的健康教育与福利部门的秘书长艾略特·理查森（Elliot Richardson）出现了。理查森认为消费者应该掌控政府计划，他想知道这些计划在服务选民需求上做得如何。

调查政府计划的客户服务满意度，看似一个简单的要求，却从未被科学地实现过。理查森求助于哈佛商学院毕业生约翰·A.古德曼（John A. Goodman）和他刚创办的公司——技术援助研究计划公司（TARP）。理查森要求他们对政府计划中的投诉处理和其他方面的服务进行调查。由于意识到古德曼和他的团队年轻、莽撞而缺乏经验，又过于理想主义，理查森又聘请了兰德——专注于调查和政策分析的知名非营利性机构——来监督他们的工作。

当兰德公司发表报告声称政府计划一切皆好时，古德曼和他的团队却干了一些只有年轻、莽撞、缺乏经验和理想主义的人才会做的事情。他们提交了一份少数派报告，断言政府计划的各方面都称不上好，事实上和消费者的期待相差甚远。他们的报告抵达了白宫消费者事务办公室。出乎意料的是，后者以政治家们少有的大度，完全接受了这些直言不讳的论断。古德曼的团队拿到了大合同：调查各公共和私营部门的投诉处理情况。

1978年，古德曼的研究小组发表了他们的第一份调查报告，即《通过有效地处理投诉提高顾客满意度》（Increasing Customer Satisfaction through Effective Complaint Handling）。他们的发现是对美国政府和企业的辛辣警告，到那时为止，政府和企业处理投诉的理念就是视而不见。

投诉部门一直位于公司或政府办公室最阴暗的角落，通常被称为"西伯利亚"，被派到那里意味着职业生涯的没落。公司在那里安置表现最差劲的员工和老板古怪但无害的侄子，或是收发室里安排不下的人员。但古德曼向政府和公司阐明：低效的投诉处理会大幅动摇客户的忠诚度，并且会从实质上伤害公司的根基、生产力和项目成果。毋庸置疑，这使得公司错失了数量惊人的机遇。政府和企业对此十分沮丧，并采取了行动，由此催生了现代客户服务行业。

古德曼和他的团队不仅要指出客户服务业存在的问题，还要提出最佳解决方案。他们第一个大计划便是为消费者创建"800"系列免费电话号码，令消费者与企业和政府的沟通更加便捷。对于现在的我们来说，这个行动明显是一大成功，但在当时，企业管理人员和政府官员却没有采取开放接受的态度，许多公司声称这个想法相当愚蠢。一个本应从这种电话服务中获得最大利益的大型电信公司领导就是一个典型例子，他的话说明了此举在当时遭遇到了多大阻力："为什么公司会想和顾客交谈呢？"

然而古德曼团队并没有因此而气馁。他们很快就找到了愿意和他们合作的伙伴，首先把"800"免费电话号码方案提供给了环保局、公路交通与安全局、食品和药物管理局、通用电气和其他企业。

他们证明客户服务和投诉处理重要性的下一步，就是量化先前模糊不清的概念。互联网时代一开始，他们就给公司提供了与口头投诉消费者一样精确的"鼠标投诉"消费者的实际价格。

总之，约翰·A.古德曼和他的同事一手把我们的政府和商业机构从不交流且常怀有敌意的状态中拯救了出来，变成了今天这个开放、健谈、用户友善型的组织。他的工作为今天的有效投诉者铺平了道路。我个人认为，如此重大的社会贡献应至少得到某种形式的公众认可，也许用不着一次盛大的纸带游行，不过一尊雕像会挺不错。

是什么阻碍了我们抱怨？

是否有人有资格对我们当前的抱怨有效性做出评估？我想约翰·A.古德曼有。所以我在纽约会见了他，我压抑着膜拜的冲动，向他提出了一个大问题："你花了35年的时间让人们投诉变得更容易，那我们现在做得如何呢？"

古德曼立即回答道："噢！现在的人十分不善于投诉。"他沮丧地摇了摇头。古德曼不只是在陈述观点，他有研究成果支撑自己的看法。回想你上一次对一件商品、一项简单的服务或是不时要买的那些小东西的不满。你也可能对买来的新款手机、MP3、吹风机、加湿器、新软件、视频游戏或是电视广告中那些新奇的东西感到失望（那些东西最后看起来都像是只能垫在麦片盒子底下的玩意）。那时你做了些什么？你会向那家商店投诉吗？你会打免费客服电话给这家公司，或是写一封措辞激烈的投诉信到那家公司总部吗？

很有可能你什么都没做！在古德曼持续多年、涉及无数个行业的研究中，最为一致的发现是，在这类情况下，居然有95%不满意的消费者从未向应负责任的公司投诉，这真是不可思议！

古德曼的发现对消费者来说当然是坏消息，对于企业来说则更糟。消费者的投诉传达着极为重要的信息，能为公司的产品和服务提供重要反馈。如果我们当中只有一小部分人告知公司他们的产品和服务出现了什么问题，那就很难让他们相应地改善那些产品和服务。

古德曼的研究显示，80%的顾客问题来自公司的错误流程或不良系统，而不是不合格产品或不称职销售或服务人员。这意味着，大部分的投诉要求的补救措施只有在公司的管理层面才能实施，只有决策者有权进行这些改变。例如，单单向电话客服抱怨技术支持问题是没用的，因为对方可能完全不懂技术。只有公司高层执行官才有权改变这样的操作。然而，我们所有抱怨中只有1%~5%能传达到高层执行官的耳朵里。

如果我们的大部分抱怨根本没办法传到公司决策人耳朵里，那么问题当然得不到妥善处理。古德曼还发现，当服务出现问题，消费者通常选择的不是向公司总部投诉，而是投向他们竞争对手的怀抱。

这些发现对企业来说是坏消息，而从心理学角度看，则更令人沮丧。我们经常带着受挫、愤怒或失望的感觉走出商家，我们总会因无法正常运行的新咖啡壶、不合心意的高价发型或令电脑不停崩溃的新软件烦恼不已。这些事件对我们的情绪造成的负面影响通常不大，但如果这些影响累积起来，我们又不加以处理，就会造成严重的心理伤害。

古德曼的一项早期研究是针对为什么只有极少数消费者能进行有效投诉的。如果真的只有不到5%的投诉能击中目标，那是什么阻碍了我们更有效地投诉？古德曼列举了在这种情况下我们没能采取行动的四点重要原因。

首要的也是最通常的原因是我们相信自己没有时间和精力。比如，当女儿缺了屋顶的玩具屋送达时，我们本打算处理的，然而生活日程排得太满，我们总是抽不出时间来应付这码事。

的确，我们都是大忙人，没有时间浪费在向商家抱怨投诉之上，因为我们都忙着把大量的时间和精力花费在对朋友和熟人抱怨这些商家上，如果不是这样，"太忙"这个说法或许会更有力一些。古德曼发现，我们拒绝给公司总部写一封信的同时，却乐意将对产品的不满情绪向平均8至16个我们最亲近的人倾诉。

毫无疑问，向16个人抱怨所花费的时间和精力远胜于写一封信。但是我们却没有将"抱怨"和一封措辞得当的投诉信联系起来，相反，我们想象自己去打热线，在令人作呕的音乐声或明快活泼的推销录音里等待数小时，心情离"明快活泼"越来越远。我们想象自己不停地原地转圈，不得不一遍又一遍地解释遇到的问题，直到找到正确的人为止。对麻烦的恐惧使我们在尝试之前就打起了退堂鼓。

人们不抱怨的第二个主要原因是他们不知道该向什么地方或什么人投诉。我们是回到商店，还是打一通免费客服电话？是否应该给公司总部写封投诉信？如果写的话，又该写给谁？不知道对谁诉苦是我们都遭遇过的问题。

前不久我和一位同事去纽约一家生意异常繁忙的餐馆吃午餐，一个英国家庭坐在我们隔壁。令这位父亲大动肝火的是他们等候了多时依然没有服务生来为他们点菜。他实在忍无可忍，一把抓住了路过的餐馆工人的围裙。

"噢!"他用伦敦腔叫道,"我们等位子用了15分钟,现在又他妈的等了10分钟,至今没见一个服务生!现在,我想让你,伙计,立即给我们点餐,赶快跳进厨房去,给我们准备好午餐!"

那个不太会说英语的餐馆小工既吃惊又困惑,结结结巴巴地说道:"我……不……跳舞!"便匆忙离开了。即使是最坚定的抱怨者,遇到不知道要向谁抱怨的情况也没辙。

我们避免抱怨的第三个原因是害怕受到报复。古德曼认为:"在这一方面,高中生和大学生处于最不利的位置。"对一些年轻人来说,投诉教授或学校管理员,甚至走进银行质疑一下滞纳金的问题,都令他们感到无比恐慌。"他们确实害怕遭到报复。他们对这种事情没有经验,总觉得自己就像是生活在成人世界里的孩子。"古德曼解释道。他们担心投诉只会导致教授给他们更低的分数,或是令银行雇员篡改他们的账户。

这样没有根据的担忧会使我们大多数人放弃投诉,而不仅仅是高中生和大学生。这么些年来,不止一个人劝我在餐馆就餐时不要因为饭菜不合胃口就把它退掉,因为这样做一定会让厨师不爽。他们认为厨师会为受到这样的"侮辱"而报复,给我的菜里加点味儿,比如……口水。而事实是,几乎没有哪个职业厨师会冒着彻底毁掉自己名声的风险实施这样孩子气的报复。

第四个也是最后一个我们未能抱怨的原因或许也是最根本的一个原因:我们坚信即使我们这样做了也不能解决问题。我们相信商家们对我们不够关心,不会真正地解决我们的问题或者改进他们的政策。许多人认为,大多数企业有意回避解决客户的投诉,是因为他们不想花钱。我们确信,他们无意向消费者提供真正解决问题的答案。

讽刺的是,约翰·A.古德曼的努力虽然已经掀起了一场巨变,但大多数人对于如今消费者服务法令的理解还停留在十分过时的层面上。其实这么想也无可厚非。我们这么想是因为我们自己经历过也从朋友那里听到过许多不满，暴露在我们眼前的未解决的投诉数量十分巨大。很容易明白我们为什么得出"抱怨无法改变任何事情"的结论。

阅读了古德曼的研究报告后，我比以往更确信我们确实是可悲的无效抱怨者，至少作为消费者来说如此。令我感到吃惊的并不在于我们抱怨无效这个事实，而是我们的抱怨几乎到了完全无效的地步。我开始对生活中的其他抱怨感到好奇。在个人或者家庭关系上，我们是否也像作为消费者时一样患上了抱怨障碍？我们是否一样犹犹豫豫地不敢向朋友或者同事说出心中的不满？

我只是回想了一下自己从事心理咨询这20年来的经历，便立刻意识到无效抱怨的痛苦绝不仅仅发生在我们作为消费者的时候。几乎在生活的每一个方面，我们在对待不满和失望时都显得很无能。

不抱怨也会导致家庭不和

有一次一对中年夫妻来向我咨询。当我问到他们为什么来咨询时，丈夫鲍伯给我讲述了一段跌宕起伏的夫妻"沟通问题史"。

"我们并不是一直都在争吵，"最后他总结道，"我们只是对很多事情持有不同意见。"鲍伯看着妻子雪莉，并给了她一个鼓励的笑容："而且我们都很少提高嗓门——是吧，亲爱的？"

雪莉飞快地冲鲍伯点了点头。我把注意力转向她，并询问她对于他们过来治疗的原因持什么看法。雪莉稍稍向远离鲍伯的方向移动了一下身子，然后回答道："鲍伯有严重的酒瘾，而且他完全不承认！我想也许别人说他会听得进去。"

初次来咨询和治疗的夫妻间，这样令人震惊和意外的打击时常发生。夫妻中的一方或者双方可能会向对方说出以前从来没有提到过的怨言，令我最吃惊的是当这种出其不意的怨言攻击发生时，被攻击一方露出的表情。

此时混合了震惊、疑惑、愤怒和背叛的复杂表情，鲍伯的脸扭曲了。显然他同时在与几种强烈的情绪做斗争，而愤怒最终得胜。鲍伯站起来，像个粗人一样咒骂雪莉，气冲冲地离开了。

这些年我看过各种各样的意外打击，有些微不足道，有些却像雪莉的那样，相当巨大。原以为丈夫想要与自己讨论经济问题的妻子，却发现他最不满的其实是她那过度干涉的父母。又或者打算讨论孩子问题的丈夫，却看到妻子摆开一张性生活不和谐的图表。最戏剧化的是一对二十来岁的夫妻，他们来到咨询室，同时抱着突然宣布离婚的打算以打击对方。

当我询问这些"打击者"为什么要筹备一场出其不备的诉苦行动时，他们的答案五花八门。

"我想他不会把我的抱怨当回事"或"我只是觉得她可能不会认同我"是最常听到的答案。

"抱怨的话我们会打起来"或者"我不想和他争上几个小时"也是很常见的解释。

"无论何时，我一抱怨她就回击，所以我甚至不想再尝试了"，又或是"即便我是受伤的那一方，但到最后我还是坏人"，还有一些人这么回答。

类似于消费者对商家的不信任，夫妻们也错误地认为向配偶诉苦并不能带来任何改变。他们认为这样的对话带来的麻烦比好处多，并且他们也担心提出不满会招来伴侣的报复。

我们明白，在消费行为和个人生活中，保持沉默不会为我们的抱怨带来任何解决方案。我们拼命地想要改变，但是不知为什么，我们确信什么都不做是最好的选择，即使我们知道这将一无所获。如果我们没有学会有效抱怨，那么商家就不会做出改变，我们的人际关系也是如此。如果我们没有向心爱的人说出我们的不满，他们是不会改变的。（在第六章我们会看到，在恋爱中的抱怨技巧远比写一封投诉信复杂得多。）

网络时代的抱怨

在过去的几年里，最热闹的抱怨场所已经转移。办公室茶饮区、更衣室或是美容沙龙都已过时，现在，最流行的牢骚发泄地是小小的电脑屏幕。在巨大而宽广的网络空间里，抱怨者数量惊人。有人提供虚拟的平台，就是为了让完全不认识的人可以二十四小时昼夜不停地控诉，其他网站则在散播抱怨宣言和复仇日程表。一小部分人甚至开创了价值数百万美元的抱怨产业。

完全为抱怨服务的网站一批接一批出现，而最开始它们不过是提供留言板让我们写下自己的抱怨给所有人看（有时也没人看）。尼尔·拉里是这些先驱者之一。他的网站"什么让你恼火"（whatseatinya.com）提供给访客们一个可以发帖控诉的场所和一个简单的承诺——让你体验发泄情绪的快乐。拉里坚信他的网站满足了大量公众的需求，他甚至称自己的网站为"网络心灵鸡汤"。"说实在话，"他在自己的主页上写道，"难道我们真有地方抱怨我们的伴侣或者其他重要的人吗？我知道我没有！"

让我们暂且把拉里缺乏婚姻生活技巧放在一边，他是十分认真努力地为抱怨的人们提供发泄的场所。他的主页上有非常真诚和热切的邀请："告诉我什么惹到你了！"拉里的风格让我想到了乔希·比林斯，我真想知道他家的花园中是否也养了一只脚的小鸡。

在这样的场所抱怨，事实上等同于有效抱怨失败后挥起白旗，尽管它们可能很有趣。如何得到企业的回应？应该向谁发泄我们的不满？拉里在这方面没有提供任何建议。实际上，他觉得不仅整个美国忽视我们的抱怨，连我们爱的人也同样漠不关心。尽管拉里的网站很吸引人，本意也不错，但事实上它表明了 21 世纪大多数人对抱怨的看法。它表明了我们对抱怨所持的错误态度是具有普遍性的。

第二章
别让无效抱怨伤害你

The Trouble with Bill—
the Hidden Costs of Ineffective Squeaking

我厌倦了抱怨。我得想些新办法。

——梅尔文·尤德尔,《尽善尽美》
(*As Good As It Gets*, 1997)

公寓外的钻机声停止几天后,我和朋友比尔吃午餐,庆祝他晋升为公司合伙人。所有人都说,他的晋升速度简直是一日千里。他野心勃勃,能力超群,还极具职业道德,未来肯定一片光明,这一点毋庸置疑。总之,三十出头的他是一个聪明能干的年轻人,前途大好。聊完他的工作和需要承担的新责任之后,我问他买给自己的升职礼物——那台50英寸等离子电视是不是给他带来了无边的享受。

他瞬间情绪大变,皱着眉,咬着牙,双手紧抓着餐具,指关节都因此变白了。我脖子后面的汗毛都竖了起来,过去我从来都没有见过比尔动怒,不管他遇到什么生气的事情。我忙问到底怎么了。

"有线公司烂透了!"比尔愤愤地说,"他们的新高清机顶盒一直出故障,把一切都搞砸了!"比尔的声音虽不大,但语气激烈。一位正端着水壶朝我们走来的服务生就像舞蹈演员一样快速轻盈地转身,直接走回厨房。

"系统隔几天就崩溃一次,我不得不打电话给有线公司的人,让他们来维修。"他解释说,"你知道给他们打电话,处理自动应答菜单、等人接电话、还得说清楚我是谁住在什么地方得花多少时间。之后,还得待在家里等着维修工上门。他们来了,随便捣鼓两下，根本就没有彻底修好。的确，他们走的时候还运作正常，可是一个钟头之后，问题就又犯了。我必须得再给他们打电话。他们已经来过两次了，可还是老样子。"

"那你怎么处理的？"

"我干什么都没有用。我都不看电视了，太闹心了！"

我记得几个月前比尔刚买回新电视机时有多兴奋。为了买那台电视，他花了好几千美元，之后又花了好几百块把它挂到墙上去，弄成电影屏幕的感觉。我示意服务生给我们添水，然后又开始和比尔交谈。我建议他继续投诉。

"我跟你说过了，没有用！"比尔继续说，"给他们的技工打电话一点用都没有，显然他们根本不知道该怎么修。"服务员迟疑地走到我们桌子边，匆匆忙忙地给我倒了半杯水之后转身就跑了。

"他们目前没有能力修，"我打断他说，"但是你可以找技术部的主管谈谈，他们通常都更精通……"

"技术人员都来过两次了！根本没用！那些人完全不上心！"

比尔最后的这句话带着分明的锋利，仿佛是想刺激我去挑战他的论断。但我决定还是学那个服务生的做法，偃旗息鼓，换个话题。

很显然，比尔是个无效抱怨者，但更为糟糕的是，他确信自己已无法通过投诉解决问题，他认为这么做，只会惹来更多让他生气的事儿。当然，比尔也为他的不作为付出了高昂的代价。首先，他的消极态度使他无法享受宽屏电视机带来的乐趣。我见过他的电视机刚安装好还没出故障的时候，画质清晰，音效极佳，更别提图像的大小了，真正是一大享受。但是后来，在比尔极偶尔地看电视的时候，他始终提心吊胆，害怕会突然发生故障，根本谈不上什么享受。而原来，比尔对他的那台小得多却没有故障的液晶电视总是相当满意。他没能有效抱怨，意味着他用来购买和安装这台不能观看的电视的一大笔钱全都白费了。

破镜重圆情更浓

如今，许多人在处理自己的抱怨时都会感到不知所措和无能为力，以至于开始将委屈打包交给陌生人处理。过去十年里，网上涌现出各色以抱怨为目标的产业，应对我们不断翻新且日益增长的抱怨需求。全新的行业在网络推动下产生了，其中之一便是"抱怨雇工"，自诩专家的人士急于帮助我们解决最令人烦恼的抱怨，只是会收取合理（有时也不合理）的费用。

例如，消费者转变网（consumerXchange.com）的创建者卡尔·斯库尔曼就从每份投诉中收取43美元，另外从他们帮助索取的赔偿中收取5%~10%的佣金。有意思的是，他们将佣金上限定为1000美元。这个佣金对应的任务是让美国国家宇航局将一个有缺陷的卫星退还给美国无线电器材公司。

从心理学角度来讲，这样的服务值得考虑（只要他们的收费合理）。无法解决的抱怨总是困扰着我们，不论何时想到它们，我们总是会反复感觉到愤怒的刺痛。每当比尔经过起居室，怀着渴望而又遗憾的心情瞥上一眼他的新电视时，应该都会觉得如芒在背吧。对于像比尔这类人而言，雇佣投诉者跟雇人遛狗相似。这些专业人士能帮他们拾起丢弃在一旁的"投诉垃圾"，敞开窗户给房间通风，使它不至于发臭。

不过，投诉雇工不过是大大小小的网络投诉产业中的一种。可以想象，在这样一个达尔文主义的环境里，许多企业根本无法盈利。根据过去的经验，新的网络领域会催生大量的新思想、新风尚和奇思妙想，不过大部分都是昙花一现，非常短命。有些产业，比方说微软英国公司那令人震惊的 iLoo，根本从来都没有投入市场。

不过适者生存，某些新成立的投诉企业已经吸引了数百万美元的投资。一种成功的投诉业模式虽然理念看似简单，却拥有难以预料的发展前景。本质上，这种理念和尼尔·拉里的投诉留言板相似，但这种新的投诉留言却不只是提供发泄的途径这么简单。他们向我们保证，可以提供与被投诉的公司展开真正交流的渠道。从理论上讲，比尔可以在意见板上留下他对机顶盒的投诉，然后便能让有线电视公司直接做出回应。

这看起来似乎是一个完美的解决方案，只是还存在一个小缺陷，即在这种企业创业初期，没有任何一家被投诉的公司同意参与这种和消费者的对话互动。而许多网络投诉公司还是让消费者相信企业愿意与之沟通，并甘于冒险在这一项上面投入大量资金一博。这些投资者晚上能睡得安稳，还真得感谢约翰·A.古德曼和他的团队做的研究。

古德曼团队首先量化的概念之一，是公司用广告、营销和其他手段开发新客户需要花费多少成本。这个至关重要的概念之前从没有以具体的金钱来表达过。当我们对某种商品或者服务不满意，怒气冲冲地走出商店发誓永不回头时，或在拨打客服热线后怒气冲冲地挂断电话时，该公司将因为我们潜在的抵制遭受多大的损失呢？古德曼的研究表明，开发新客户所需的成本，是通过不断完善售后服务来维持现有的客户群的五倍。

对于公司而言，结论显而易见。对服务中每一处可能导致原有客户流失的缺陷进行改进，能使一家公司的经济效益最大化。如果妥善地处理意见板上的投诉能帮助公司平息顾客的不满，重新确立顾客对产品或服务的信心，保持客户对公司的忠诚，巩固客户基础，那么他们就该尽全力去做。

古德曼在这方面所进行的第二项研究更加引人注目。他们发现，作为消费者，当提出的问题得到满意的答复后，我们对公司的信任会超过遭遇问题之前。建立一家公司或产品的口碑，一次成功的售后服务挽回事件所产生的影响力通常是常规广告的20倍。

对此我们不应该感到惊讶。无论产生什么样的裂痕，破镜重圆后的关系都比没有经受过检验的关系更牢固。这一定律适用于几乎所有的人际关系，无论是浪漫的爱情还是友情，抑或是商业伙伴关系。

我经常告诫刚刚开始一段恋情的新人们，在经历第一次大冲突之前，是无法准确地评估他们的关系能否长久的。只有当了解了对方如何处理矛盾后，他们才有信心去面对将来的婚姻生活中可能产生的问题和困难。同样的，如果一家公司能妥善地处理我们的不满和意见，我们对它的忠诚度自然会提升，同时，我们会确信，他们肯定能够妥善处理将来可能出现的问题。

许多网络抱怨公司承诺：将保证被投诉的公司回复留言板上的留言，但实际上有许多公司只会回复托尔·穆勒的心满意足网站（getsatisfaction.com）。穆勒认为心满意足展现了一种新的契机，代表了消费者投诉和售后服务变革的趋势。根据网站统计，他们已经帮助"数以千计的公司和雇员与数百万的消费者，共同改善了数以万计的产品和服务。"显然，他们的一些操作模式是可行的。但到底是什么让他们在一个竞争如此激烈的领域中独占鳌头呢？穆勒强调得最多的一点是，他希望在网上发表言论的人都必须尽可能地克制自己，尽量使用文明用语。他甚至把他的网站称为企业与客户之间的"瑞士"（休战区）。客户一致评价，该网站也的确做到了这一点。

网络抱怨的黑暗面——"哥怒了"

虽然专业抱怨人士和网络抱怨留言板难以计数，但是还有另一类网站的数量远远多于抱怨网站。这就是"哥怒了"型网站。这些网站同样提供留言板和讨论区，以供消费者得到满意的回复。但是他们却没有托尔·穆勒那种文明的理念。实际上，这种"哥怒了"型网站，所产生的效果只是煽风点火。

对于很多读者来说，只会将这种煽风点火与户外烧烤联系到一起。请容许我解释一下，这种煽风点火指的是那些标题或是内容中充满了恶意或辱骂的在线留言，无论是留言板上的留言还是电子邮件。这些内容通常都是由胸中燃烧着怒意的人留下来的，尽是愤愤之词。

然而，如今，这些怒火中烧的人，已经不再满足于发发愤怒邮件，留些恶毒言论。很多人开始诉诸金钱，通过日新月异的网络手段，千方百计，只是为了表达对惹怒了他们的公司的不满。实际上，这样的"黑暗情绪网站"数量众多。在2005年，福布斯杂志曾经有一篇名为"顶级恨意网站"的报道。其中公布的名单包含了一些致力于中伤类似微软、全美快递等众多行业巨头的网站。

从心理学角度上讲，这些谴责并不是顾客的愤怒情绪正确有益的表达方式。起初，我觉得这些网站上的抱怨，只不过是一些无知的消费者关于公司无良恶行的夸张故事和道听途说的传言。但是最后的真相却出乎我的意料。我读到的很多抱怨，令人印象深刻的地方只是言辞当中包含的怨气，而看不到这些抱怨者本身的无知。实际上，其中大多数都不过是"妈的，我被宰了"或是"恶心，我没收到手机消费清单"之类的老生常谈。

一个错误的电话账单能够产生如此深刻的情绪影响，令一些人特地去建立一个网站以表达他们的暴怒。也许有人认为，电话账单应该只是那些人所抱怨的事情中的九牛一毛。和一个经验丰富的心理咨询师聊上一两个小时，应该是更好的花费时间和金钱的方式。不过，我有一个卑鄙的想法，这些心理咨询师的治疗过程，也许只会促使他们去开创一项网络事业，创建一个"算啦，我就是爱憎恨"的网站。

有些抱怨网站处于怒火和消费者理智投诉的中间地带。比方说，愤怒的顾客网站（pissedconsumer.com）罗列了每一类抱怨的数量，让网友更容易评估某个特定公司在公众心中所引起的怒意。我十分惊奇地发现，该网站上怒意最高的产品之一是"狂野女孩录像带"。那些琐碎的留言记录了数千条愤怒的顾客表达自己被骗的故事。一群喝醉了的女孩袒胸露乳的录像带，居然能够引发这样激烈的愤怒，说来也真是讽刺。

你可以做到有效抱怨

虽然网络投诉有众多选择，但对于我的朋友比尔和其他大多数人来说，这些网络投诉有一个致命的缺陷。为了使用投诉服务，比尔不得不写下要投诉的详细细节，并且向职业投诉者提供具体的日期、数据和文件材料。比尔发现这些绝对是整个投诉过程中最令人头痛的事情。对绝大多数的人来说，进行投诉的过程中，最常遇到的障碍就是需要收集单据和来往信函，我们通常都得翻箱倒柜，才能在一堆废纸中找出这些东西，之后还要把所有细节写下来。而最令比尔难以忍受的是，为了向专业投诉人员剖析自己的抱怨，他必须将事情的整个过程条理分明地记录在留言板上。

在投诉网站上，成千上万的人就是这么干的。我们将自己经历烦心事的细节都发到留言板上，将所有必要的细节罗列出来，以供专业人士去帮我们抱怨投诉。

既然我们不辞辛苦地将我们要抱怨的事情全都写了出来，那我们何不在网上查一下该公司的邮箱地址，在收件人处打上"亲爱的执行官"，然后自己把投诉信发送出去呢？

我们可以从网上查到几乎任何一家企业，得到企业名称、地址和公司高级行政人员的电话号码。而在收集完投诉的所有信息和细节后，往哪儿送信便成了有效投诉的唯一障碍。

由此，你看出雇人投诉这件事中的矛盾了吗？我们认为自己的抱怨无效，付大笔钱给他人帮我们处理我们的抱怨。但是在收集和整理信息的过程中，我们已经为他们完成了 90% 的工作。实际上，在把问题交给专业人士处理的过程中，我们便证明了自己完全有能力成为一名有效的抱怨者。然而，我们根本不愿意自己去抱怨，我们根本没有意识到自己可以独自来处理！事实上，我们都是潜在的有效抱怨者，但是我们中的大部分人却完全否定了自己的能力。

否定是个有趣的现象。一般情况下我们会否定对自身构成威胁的想法、事实、感情或信仰。但是这里，我们否定的却是某些积极的东西，我们在否定自己能够成为一名有效抱怨者。因此，有一个很重要的问题就必须提出来了。为什么像比尔这么聪明绝顶、能力超群的人会如此轻易就认定自己是无效抱怨者，并接受了它带来的所有挫败感呢？很不幸，比尔对待抱怨的态度揭示了一个深层次而且潜在危害极大的心理过程，这个过程深藏在我们的内心深处，对全世界的无效抱怨者都极度危险。

当心掉进自我实现预言的陷阱

比尔确信他的电视问题无法解决。但实际上，他的思维是被他自己制造出来的一个相当狡猾的心理机制给欺骗了——那就是自我实现预言。每一次,比尔从电视机旁经过,都因不能正常使用电视而烦恼、心力交瘁,感到无能为力。两次失败的维修经历使他确信这个问题无法解决,他认为任何维修的尝试都会失败(这就是预言),他再也不想去打第三次电话(因此事情的结果就自我实现了)。既然比尔没有采取措施来解决问题,问题当然不会得到解决。比尔认为无力改变现状的错误设想以及随后的不作为是该预言得以成真的唯一原因。

"既然都没用,那何必还要找麻烦呢?"这就是以失败为中心的思考方式。它进一步强烈加深了我们的无助感,令我们丧失信心。

就比尔的情况,这种失败主义的思想使得他无论何时面对他那台挂在墙上的巨大的装饰品时,都不会去尝试一个更为积极主动的解决方法。比尔在午餐时大动肝火,并不是因为他想到了电视故障,而是因为他想到了自己的无助感。使比尔感到极度不痛快和厌恶的,是那些消极的受害者情绪。

这些失败者的想法的确会令我们大为恼火。强烈的消极或无助感很容易威胁我们的健康。如同身体伤害一样,心理上的疮疤一旦被揭开危害也很大。在任何领域感到无能——无论事情多么微不足道——都会给我们的情绪和自尊带来负面影响。当我们经常被提醒联想到自身的无能时,就像比尔急切地想看电视时一样,这种影响就会更加严重,更加明显。

只要一涉及抱怨和投诉,我们的自我实现预言总会变成自我挫败预言。对于漫长的自动应答菜单的恐惧,关于我们母亲娘家姓的玩笑,所有这些都会被我们的思维不断夸大。

随便一户人家,通常都有几件坏东西,有些甚至是新买来没用过的。讽刺的是,大部分人都没有将这些东西扔掉,也许我们依然抱着希望,希望在未来某一天会投诉成功,也许我们仅仅是还不愿意承认它们给我们带来的挫败感和无助感。而同时,它们就待在我们的壁橱深处或是车库的架子上,成了我们抱怨无能以及导致抱怨无能的自我挫败预言的纪念品。

几十年来,自我实现和自我挫败的预言,都被反复研究。可悲的是,它们的教训经常为人们遗忘或忽视。一个著名的自我实现预言便是皮格马利翁效应,由罗伯特·罗森塔尔(Robert Rosenthal)与里诺·雅克布森(Lenore Jacobson)于1968年首先提出。皮格马利翁效应指的是学生的表现会在不知不觉中与老师的期盼一致。当老师知道哪些学生更有天赋时,他们就会无意识地做出鼓励这些学生去获取成功的举动。反之亦然。对期望值较低的学生老师也会做出某些举动,促使该学生的表现低于他们的正常能力。这个动态过程之所以棘手、难以矫正,是因为老师对学生造成的影响大部分是以无意识的方式发生的,不仅老师的行为是无意识的,学生的表现也是无意识的。

皮格马利翁效应的损害性在于:被认为没有天赋的学生经常会将这一关于他们潜能的负面信息内化。他们慢慢相信对他们的较低期望是有道理的,同时会做出相应的表现。也就是说,如果老师对他们能力的评估低于他们的实际能力,久而久之学生自己也会确信无疑。自我实现预言的内在危险在于,它有能力让我们做出符合它期望的相应行为,改变我们的性格、思维和表现。

拉特格斯大学的心理学家埃里森·史密斯(Allison Smith)等人一项最新的研究发现,皮格马利翁效应对学生的负面影响可持续六年之久!这足见自我实现预言的强大影响。

集体性的自我实现预言

自我实现预言不仅对个体有极坏的影响（正如比尔或那些老师眼中的差生），而且它们也会在群体中出现，甚至能吞噬整个团体。无效的投诉是群体自我实现预言形成的最常见根源之一。几周前，我在一家药店里目睹了这一预言的形成。

这家药店以工作人员服务态度极差而闻名。我总觉得他们雇人的标准就是看员工是不是一脸恼怒，他们肯定在面试的时候考核应聘者"我们想看看你能够懒散地发呆多久。"这家药店的员工始终非常不友好，虽然商店规定严格要求他们使用礼貌用语，结果却令人感到相当滑稽，甚至是恼人。比方说，他们结账时问："您要的东西都找到了吗？"却让人觉得是在说："哦，你还赖在这儿呢？""谢谢惠顾，祝您一天愉快！"这句话听起来像："麻烦你，现在快点滚出去！"

那天，一个有风湿病的老妇人站在收银台前艰难地想要打开钱包（做工精巧的艺术品有时候就是如此麻烦），收银员明显因此对她态度粗鲁。商店经理就在附近，但是距离不足以听到这边发生的事情。排在结账队伍里的一些人开始嘀咕："应该要去投诉！"但也有些顾客对投诉持反对态度。不止一个人在咕哝："他们都知道这儿的员工态度粗鲁，但经理根本不管这个。""投诉根本不会有用！"

不过，经理就近在咫尺，所以还是有人向他反映了情况。接到投诉后，经理马上把那个收银员叫到了他的办公室。等待结账的顾客欢喜雀跃，差点没跳起舞来。

然而，没过几天我再次光临这家药店时，却又受到了同一个收银员的冷漠洗礼。商店的管理者看似非常重视员工对顾客的态度，可事实却远没有这么简单。即使他想整顿店风，也无权当场解雇这名员工。

很多商业机构和公司都有解雇员工的严格程序，通常要两到三次的正式警告无效之后才可以解雇。问题是，员工受到一次警告后，他们通常会在经理在场时竭力表现得彬彬有礼，而经理一走开，他们又继续一贯的粗鲁了。除非我们坚持投诉，否则经理没有更进一步的理由去辞退该员工。既然大多数粗鲁行为只在经理不在场时发生，那么一旦出现情况，我们就该采取积极措施亲自找到经理或致电投诉。

可在这期间，顾客看到员工的态度没有变化，就会萌生一种错误的想法，认为向经理投诉并不管用，下次再碰到同一个员工的无礼相待时，他们就不再去投诉了。这便令经理丧失了制裁员工的武器。

这种现象加固了我们对投诉无用的错误认识，也引导了整个社会持续一种自我挫败预言的恶性循环，进而加深我们的无力与无助感。而这不过是集体无效的抱怨令我们付出的代价之一。

不要成为习得性无助的牺牲品

自我挫败预言，不管是个人的还是集体的，总会引起无助感的增长。比方说比尔，两次不成功的维修后，他就认定自己无能为力了。杰出的心理学家马丁·塞利格曼（Martin Seligman）博士学术生涯的最初，就是研究习得性无助作为一种心理构造的力量，以及它影响我们生活的各种方式。

20世纪60年代早期，塞利格曼从宾夕法尼亚大学心理学系毕业，尽管是个新手，他却有幸与心理学家史蒂夫·迈尔（Steve Maier）和布鲁斯·奥夫米尔（Bruce Overmier）一起研究习得性无助，这是个在研究狗的学习行为时的新发现。

在实验中，狗被放在中间有障碍的金属笼子里。对狗占着的地方实施低压电击，狗只能通过跳过障碍来躲避。如果狗没有自己跳过障碍，会被演示如何跳过去。下次电击的时候，它们便会立刻跳过障碍。

在实验的第二阶段，狗被拴上了狗链。当电击时，狗用尽办法想要跳过障碍，但是却无法摆脱链子的束缚。而当束缚解除时，再次电击，这些狗本可以如同上一轮实验时自由地跳过障碍，躲开电击，但是现在却不做任何逃生的尝试。他们只是待在被电击的一侧无助地呻吟。这些狗已经被习得性无助征服，尽管实际上它们有办法拯救自己。

来看看与此类似的比尔的经历。当他在看电视时，系统出现了小故障，这令他很烦躁（令人难受的"电击"）。他两次叫来技工解决问题（试图跳过障碍躲开电击），起初问题似乎解决了（躲开了电击），但没过多久又出故障了（无法躲开电击）。两次解决故障的尝试失败后，比尔放弃了，他开始变得无助。他像实验中的狗一样认为无论怎样努力都不能解决问题，尽管一个娴熟的技工也许就可以很轻易地搞定这件事（解除束缚）。比尔被习得性无助征服，仅两次的困难就让无助在他身上扎了根。比尔和狗对他们自己的处境都感到非常痛苦，也完全可以采取行动来摆脱困境。然而，他们却对失败深信不疑，根本没采取措施，所以只能不幸地继续生活在痛苦之中。

很多人在发现自己不能控制沮丧或具有挑战性的事情后，往往会陷入消极思维的漩涡中。他们确信自己所做的事情丝毫不能改善他们的困境，他们相信任何想摆脱困境的努力都注定要失败。

在生活的各个方面，我们都可能沦为习得性无助的牺牲品。而在投诉方面，频率则更高得惊人。古德曼的调查发现：95%的消费者无法有效地投诉。我们已经患上了社会性的习得性无助。至少作为消费者是这样的情况。

约翰·A.古德曼支持这一观点。他认为现在的消费者相信投诉改变不了什么，甚至可能带来负面的后果。古德曼将这种现象称为"受训无望"。如果觉得这和习得性无助听起来很像，那是因为这两个概念本来就有很多共同点。在这两种情形中，我们都对一种情况产生了扭曲的认识，认为我们是无能为力的。而实际上，事实并非如此。

这种情况隐含着一种心理危险，经常性地感到无力和无助会为我们的心理健康埋下严重的祸根，使患抑郁症的风险大大提高。实验中狗在经历习得性无助后的失落和抑郁，是令马丁·塞利格曼最为震惊的一点。他很清楚，抑郁对我们的身体健康和心情、生活质量都是很危险的。塞利格曼那个时代的研究已经证明，抑郁的个体在多种疾病面前都十分脆弱，患心脏病和肥胖症的概率远高于普通人，甚至他们的寿命也更短。

当然，遭遇习得性无助并非一定会患上抑郁症。但如今我们的抱怨遍地开花，贯穿了生活的方方面面。我们对无数小挫折和不满的无助感会很容易累积起来，无效的消费投诉只是冰山一角。我们不再表达对某项产品或服务的不满，同时我们也不再向我们的爱人、朋友、同事、老板抱怨。当然，并不是所有的抱怨都应当表达出来，但真正阻止我们抱怨的却正是习得性无助产生的错误观念，我们开始认为抱怨无用。

从概念上来讲，习得性无助是对不存在的束缚做出的反应，一种认知扭曲，是我们的观念出现的问题。一旦我们受到它的控制，就算是极不真实的束缚，对我们来说也会变得极其真实。

如今我们的抱怨遍地开花，贯穿了生活的方方面面。我们对无数小挫折和不满的无助感会很容易累积起来，无效的消费投诉只是冰山一角。

憋出来的抑郁症

25岁的丹尼斯是个性格开朗的新英格兰年轻人,他刚搬到纽约并在一所法学院求学。在开学前,他来咨询如何应对从小城镇搬到大都市所面临的变化和挑战(是他从事临床医学的妈妈要求他这么做的)。丹尼斯大学生活的最初几天过得非常糟糕。首先,他的助学金出了问题(那需要一大堆的书面文件,但最终能够解决)。另外,他的室友喜欢在深夜看血淋淋的恐怖片,而这类电影一向是丹尼斯最受不了的。然后,他去书店,却发现银行把他的信用卡额度限得太低,使他无法买齐所需的书。而雪上加霜的是,他两周前订购的手提电脑还没送到。

无比烦恼的丹尼斯来到助学金办公室,那里一个"不耐烦且超负荷工作"的员工叫丹尼斯提供一些本已经提交过的档案材料,可丹尼斯已经没有副本了。接着,他又去了银行,想申请调整信用卡额度,但这需要老家银行的资料证明,他也没有。沮丧的丹尼斯回到宿舍倒头就睡,深夜他被令人毛骨悚然的尖叫吵醒。他冲进客厅,室友又在那儿入迷地看《猛鬼街》。丹尼斯的忍耐到达了极限,对室友咆哮起来,指责他太自私,不为他人着想。他的室友丈二和尚摸不着头脑,因为他不知道丹尼斯已经睡着了。据丹尼斯的说法,他们的争论声很大,甚至都可以压过《猛鬼街》里受害人的惨叫声了。第二天,丹尼斯的新手提电脑终于送来了,但每次他打开网络浏览器时系统都会崩溃,他用尽了办法,似乎都不能解决问题。丹尼斯不得不最终放弃,拼命跑到学校,此时他上课已经迟到了。

丹尼斯那天下午来和我会面时,已是极度沮丧。他先号啕大哭,接着说他承受不了法学院的压力,决定回新英格兰去。我很震惊,安慰他说他碰到的所有问题都和他的学业无关。但那时,丹尼斯已经感到身心俱疲，他觉得哪怕是再小的问题他也无力解决了。

我意识到丹尼斯已经一步步走向抑郁，貌似他已完全被打击得绝望了。情况变化之快令人震惊。一周前，丹尼斯虽对开学有些担忧，但他的言谈举止都流露着积极自信。我费尽办法想让丹尼斯重新考虑一下他的处境，但都失败了。他觉得考虑留下这个念头都让他无法忍受。一周后，他就离开了纽约。

丹尼斯的不幸给我们展示了习得性无助所隐含的真实威胁——而更可怕的是，习得性无助能在各种情况下滋生。丹尼斯第一次解决问题失败产生的无助就慢慢演变成一种对象广泛的无力感和无用感，最终导致他做出冲动不成熟的决定。他确信自己无法达到法学院的要求，尽管他从没在同学、课程或是与教授关系上遇到过问题。

马丁·塞利格曼和其他研究者通过众多的实验总结出了习得性无助是怎样从一个事件传播到其他事件中的。但随着进一步的思考，马丁·塞利格曼意识到了他们的逻辑中有一个大问题。基本上我们所有人都会和丹尼斯差不多，遭遇令人沮丧的抱怨。如果习得性无助真的那么轻易就发生作用，如果抑郁通常会随之产生，那为什么不是所有人都感到无助走向抑郁呢？塞利格曼复查了他们的数据，并提出了一个非常重要的见解。

并非所有的老鼠和狗都会在无法回避电击后变得无助，在面对无法解决的问题时也并非所有人都会无助。不管做什么，有1/3的人是从不放弃的，同时1/8的人从一开始就感到无助。为什么有的人能不断奋斗不屈服于无助，而另一些人却在麻烦一出现时就崩溃了呢？

30年前，塞利格曼就提出了这个具有深远意义的问题。难道真的存在什么因素或特性让一些人对习得性无助免疫，并且快速从抑郁中复原？为什么另一些人却无法抵抗习得性无助而更容易陷入抑郁的罗网呢？我们又能从这些特性中学到什么，让我们可以避免习得性无助？

这些问题的答案与我们最初是如何看待遇到的困境紧密相关。具体来讲，它可归结为一个重要的因素——到底我们认为什么人或什么事该对我们的问题负责。

谁该对问题负责？

当我们发现自己的境地不那么尽如人意，并且有理由相信做任何事情都无法改变情况的时候，我们最惯常做的事情就是试图弄清我们为什么会沦落到这种境地。我们总是倾向于把责任归咎到外在而不是我们自身，这就是为什么我们老是抱怨家具"挡路"的原因。塞利格曼和其他研究者发现，我们怎样归结责任，把无法控制的因素归咎到谁或者什么事物，对我们是否会变得无助和我们的整个心理健康都有重大影响。

那么，比尔该把他的机顶盒问题归咎于谁呢？令他陷入窘境的罪魁祸首又是谁呢？比尔认为过失是有线公司的无能造成的（外部因素），而不是他自身的不作为（内部因素）。塞利格曼的研究表明，如果我们觉得造成失败的原因来自外部，那么我们就会想当然的认为那不是我们所能控制的，而这种想法非常有可能使我们陷入习得性无助的危险。

另一个重要的因素是我们把问题看作是暂时的还是长期的。比尔认为既然两个技术员都不能把电视修好，那么其他技术人员也修不好。他把问题看作是固定的、永久的，而不是暂时的。我们难以控制的因素是长期的、固定的，也会促使我们变得无助。最后，比尔认为再多的抱怨也不会起任何作用，他说"那些人完全不上心"。如果我们把自己无法控制的事全部归咎于外在因素，那么即使我们能够产生影响，也会陷入习得性无助。

丹尼斯的情况也差不多，他认为自己无法掌控大城市的环境，而没有把自己失败的原因归结为自己缺乏努力或者坚持。他认为所有的关键因素都不是他所能控制的，因而他无力做出改变，无法有效申诉。

试想我们遇到了跟比尔一样的情况，但同时我们又有着更积极的行事风格，我们会如何应对。首先，我们会认为由于机顶盒是新的，而新的技术往往都会有些小毛病，这些小毛病肯定能修好，如果坚持投诉的话，问题最终会得到解决的。面对这种情况我们所需要的就是坚持，而坚持自然是在我们能力范围之内的。

其次，我们也会把问题看作是暂时性的，而不是永久的。例如，我们会认为即便该公司大部分的技术员都出奇地无能，但总有人能解决那个小问题或者能够给我们换个更可靠的机顶盒。因此，第三个维修人员也许就能帮我们解决问题。另外，我们也会觉得，即便我们前两次投诉都没有解决问题，如果我们把问题反映给这个公司另一个部门的人或是高层，他们肯定会给出答复的。

两个不同的人面对完全相同的情况，可能会把失败的原因归到完全不同的因素上。消极的比尔认为问题已经超出自己的掌控，是技术员的错，是整个公司的错。而积极的比尔会用尽各种办法以实现自己的投诉（比方说和高层对话，要求派一个更资深的维修人员，或是更换机顶盒，等等）。他也会明白前两次的失败是那两个技术人员的无能，而不是整个公司的过错。

他可能也会跟消极的比尔一样对机顶盒和技术员的无能恼怒，但是他不会陷入自我实现预言的被动和无助中。

不同态度造成巨大差异

到底是什么样的心理因素使得消极的比尔和积极的比尔差别这么大?什么性格的人更容易无助和抑郁呢?一个词可以概括这些差异——悲观主义。在生活中我们常常会遇到各种障碍,悲观主义者往往会把这些障碍理解成个人的、固定的、整体化的。"这总发生在我身上","我运气真不好","祸不单行"等等都是悲观主义者的口头禅。他们把失败都归咎为无法掌控的因素,这使得他们陷入了习得性无助的泥沼。另一方面,乐观主义者更倾向于把挫折看作是可以操纵的,暂时的或偶然的。

悲观主义者和乐观主义者的区别是很明显的。塞利格曼的团队研究发现,当遇到挑战时,悲观主义者情绪沮丧的几率是乐观主义者的八倍。我们也的确看到,小小的障碍就轻易地使丹尼斯变得沮丧。悲观主义者的特点还有在校学习更差,获得的成就比同等能力的乐观主义者要小得多,友谊也显得更不稳定。

幸运的是后来的研究又证明了事情对悲观主义者而言并不是他们预想的那么糟糕。塞利格曼发现乐观是一种技能,随着时间的推移人们可以不断地习得。他曾经尝试引导别人学会乐观,结果是非常令人振奋的,当一个十岁的孩子被教导如何改变他的归因法来乐观地思考和行动后,他以后得青年抑郁症的几率减少了一半。

我们对失败和成功的不同归因真的能够引起这么差异巨大的结果?那这对我们的心理健康,我们对待抑郁的态度影响又有多大呢?答案是:非常巨大,而且不单单体现在抑郁方面。如何归因对我们生活的方方面面、日常的行为处事都有着很大影响。为了证明这一点,一项实验走出了实验室,放到了篮球赛场上进行。在该竞技场上,不同归因风格的影响可以很简单且客观地量化为篮球比分。

一支高中篮球队被分为两组能力等同的队伍。其中一组定期接受指导并且根据他们训练时的技术得到标准反馈。第二队也接受同样的训练,但他们同时还接受额外的特定反馈:把他们的成功归于他们的能力(这是他们能够掌控的),同时把失败归咎于他们不够努力(这同样是他们能够掌控的)。这两种反馈训练方式在每次训练时只进行15分钟,训练为期一个月,需要对运动员训练前后从罚球线投25个球的命中率进行评估。

在训练前,两支队伍几乎没有差别。本来他们就是经过严格甄选出来的技术能力几乎相同的队伍。正如所料,接受一般训练的小组在训练结束后成绩并没有明显的提升。然而,根据归因法进行训练的小组结束后平均多投进了3个球,这个结果对一支球队来说是非常明显的提升。若将运动员成功和失败的原因归于他们自身能够控制的因素上(能力强或者努力过)将使他们的表现产生很大的不同。

那么,那些悲观者怎样才能改变自己的人生观呢?而我们又该如何对症下药,面对生活中可能遇到的各种情况呢?

你可以通过抱怨带来改变

让我们再看看那些可怜的狗。在研究者成功地引导了狗无助后,又开始研究是否能够令它们将之忘却。那些已经无助的狗被研究助理拖着跳过障碍,以此来帮助它们逃离电击。之前无助的狗最终学会了在电击时跳过障碍逃生。换言之,一旦人(或动物)认为他们还有选择,认为他们不是真的无助,他们就会开始战胜他们的习得性无助。

这是本书传达的主要信息之一。我们的抱怨能够得到解决,它们很重要，采取行动去追寻解决方法永远比陷入被动和无助好。当我们要抱怨的事情对我们来说意义深远，或者对我们会产生长期影响，这一点就显得尤为真切。

为了更有效地投诉，首先必须改变我们的归因法，改变对自己过去失败的看法。如果过去的投诉都没能解决问题，那不是因为我们无法有效抱怨，而是因为我们不懂得相关的技巧和专业知识。本书当中的信息（特别是第五章中列出的专栏）会帮你弥补这些技巧上的空白。一旦我们知道怎么样才能有效地投诉，我们就会把先前失败的原因看成是外部的、暂时的（我们需要学会的一项特别的技能），而不是固定的内部因素（如我们自己缺乏基本能力）。

也就是说，我们能够教会自己，在抱怨无效的时候，困住我们的习得性无助并不是真实的，我们能够发现我们没有被束缚在那个被电击的笼子中。如果我们尝试，就能跳过障碍。若我们知道自己能够学到更有效的投诉技巧，就不会那么容易向习得性无助屈服了。

我们在获取有效的投诉技能时，应该从小的或简单的投诉开始。这样做有益于我们重拾信心和力量，并且证明我们确实能够有效地进行投诉。一次成功经历将会帮我们重燃乐观的火焰，以应对将来更加棘手、更加复杂的抱怨。从心理学角度上来讲，所需要的只不过是一件确信一切都在我们掌控之中的实例，以及这样做产生的积极影响，促使我们相信我们并非无助。一个处理得很好的投诉，无论多小，都足以使我们认识到我们可以有所作为，而不是单单听天由命，干等事情发生。

例如，在暴跳如雷和谴责室友自私前，丹尼斯应该问问他的室友是否介意将音量调小点。如果室友做出了通情达理的反应，丹尼斯就会感到有足够的信心来更积极主动地处理下一个抱怨。

他可以给银行的客户服务热线打电话要求提高他的信用卡上限，而不必回到他的开户分行，因为信用卡公司通常授权电话申请，让他母亲将财务文件寄送过来就能解决他的助学金问题，而和技术支持人员在电话上交流一番应该就能搞定他那总是崩溃的网页浏览器，而这些服务完全是免费的。

我们训练抱怨技巧的时候应该遵循从易到难的原则，从简单到复杂，从稍微不尽如人意的小事到十分令人烦恼的问题，一步一步进行。当涉及顾客投诉时，我建议首先找到企业的地址和总部的电话号码。有这些信息在手总是个激励因素。即使我们计划打客户服务热线，当我们知道在必要情况下可以直接向公司最高层投诉时，我们就不会在跟帮不上忙的客户服务代表打交道时打退堂鼓了。

当我们抱怨的对象是我们爱的人、同事、室友或朋友时，我们可以重新思考一下，是否他们真的是故意令我们不满的。获得有效抱怨的技巧，变悲观为乐观，不仅能帮助我们避免感到无助或抑郁，也会丰富我们的个人心灵。

然而，从悲观转为乐观无论如何都不是件简单的事情。这种认知再训练要求投入大量的时间和感情精力。马丁·塞利格曼在接受这一挑战时清楚地知道这一点。这一举动改变了他的人生方向，也戏剧化地改变了心理学这门学科的未来走向。

1998年，马丁·塞利格曼以有史以来最高的投票率当选为美国心理协会主席。他花了30年的时间研究习得性无助、悲观和抑郁，取得了巨大的成功，获得了国际的认可。而当选之后他开始意识到心理学作为一门学科，特别是一门实用学科，却依然完全聚焦于心理健康的疾病模式上——研究使我们生病的原因，而什么使人们幸福，使人们正直善良，是什么赋予我们生活的意义，构建我们的人格力量，则全被忽视了。

因此，他决定提出伟大的倡议，积极心理学这门科学应运而生。随后，这位地位尊崇的专家启动了对人类美德的研究以及幸福与意义这门科学，也使之被广大专业人士和公众接受。马丁·塞利格曼的研究从习得性无助、抑郁和人类苦难的阴暗面到幸福和积极心理的光明面，是所有科学的历史中最值得称道的一段。

当然，并不是所有人都能如此激烈地转变自己的思维和信念。比方说，我的朋友比尔就不能。不过幸运的是，命运这次站在了比尔这一边（命运有时候就是如此）。几个月后，他所住的大厦最终更换了有线服务商，新公司的高清机顶盒运作非常正常。

在许多方面，我们的抱怨总是走向两个极端。无效抱怨导致习得性无助、抑郁、半途而废，令我们放弃电视的乐趣和法学院的前途，学习如何有效抱怨却可以令我们精神焕发，令习得性无助不再影响我们。在一些小事件上抱怨成功能有效地增强我们的情感免疫力，来保护我们不受无助和抑郁的牵绊。马丁·塞利格曼目前正与美国军方一起致力于新的顶尖士兵健康综合项目研究，其中用他的乐观主义研究来帮助士兵提高情绪复原能力，以减少事故率和创伤后应激障碍（一种由创伤性事件引发的焦虑病症。当经历或目击导致强烈恐惧、无助或惊恐的事件时，就有可能发生创伤后应激障碍）的问题。

本书会向你证明，有效抱怨的作用远远不止是获得抵抗习得性无助的免疫力。它也能提高我们的自尊，改善我们的人际关系，让我们更加开心。在有些情况下，它甚至能挽救我们的生命。

第三章
抱怨疗法 ——
让抱怨为你树立自尊

Complaining Therapy —
Squeaking Our Way to Self-esteem

与其诅咒黑暗,不如燃起蜡烛。

——安娜·路易斯·斯特朗

在研究抱怨心理学的大半年中，我总是想起丹尼斯来，他放弃法学院是他无力处理好一系列常规抱怨导致的直接结果，只是这些出现在一个具有转折点意义、压力增大的人生阶段。丹尼斯来治疗时谈到他感觉多么糟糕，他是想从某个人那里得到支持和共鸣，希望有人能理解他经历过的一切。但我将他的感情撇到一边，将诊疗朝有效抱怨的辅导这一方向引导，在他看来肯定是对他的轻蔑和侮辱，他会将我的动机视为他无力在这个大城市独立生活的证明。无视丹尼斯脆弱的心理状态，坚持解决他的抱怨问题带来的风险会很大。

我不由得开始思考一个复杂的问题。如果无效抱怨能给人带来如此负面的影响，那成功的抱怨是不是会带来程度相当的积极影响？致力于解决一项有意义的抱怨是否真能给人带来自信或自尊？大多数抱怨的成功解决，不论抱怨的内容是什么，都会带来放松和满足。而如果我们解决了有意义的问题，我们感情上和精神上获得的享受是否会胜过成功带来的第一波快感呢？

我相信，找出能给我们带来无助感和无力感的抱怨，并成功地解决这种抱怨，能够在治疗上带来益处。我不能肯定的是这些益处的程度和持续的时间。当然，我的假设依然只是假设而已。抱怨疗法的心理学效果还没有得到科学的验证。不过，我的工作方便了我通过研究诊所中的案例来私下验证抱怨疗法的效果。

我的来访者们总是在治疗过程中不断讨论对他们个人而言意义重大的抱怨。其中大多数涉及的人太多，太过复杂，有些抱怨纠葛在一起，无法分辨清楚。不过，偶尔也有某个人的抱怨是针对单独的事情的。这样的情形是研究抱怨疗法效果的最佳案例。我决定等待适宜的抱怨者出现在我的面前。几个星期后，有人给了我这个机会。

因相亲不顺利而低自尊的女性如何重拾自信？

萨拉已经40岁了，却依然单身，对此她十分不满。人们不明白，像她条件这么优越的女人，一个迷人、活跃、幽默的小企业主，要找到一个满意的生活伴侣为什么会这么难。但实际上萨拉的设计生意让她把所有的时间都花在了工作上，使得她几乎没有机会结交异性朋友。萨拉说："工作上遇到男人根本不可能，我被雌性激素包围着。公司里除了我还有20个中年女裁缝，工作时唯一一次嗅到雄性激素，是一名女员工进入了更年期使用荷尔蒙贴片的时候。"

正如许多年过40，勤恳工作的纽约人，萨拉几乎没有时间和精力去酒吧之类的地方。为了弥补这些不足，萨拉曾参加过许多有可能找到伴侣的活动，比如厨艺学习班、登山和骑车小组、读书俱乐部、瑜伽静修、纽约市机构的讲座、快速交友俱乐部，等等。

"他们之中难道就没有合适的三四十岁的单身男子吗？"我问。

"基本上没有，40多岁的男人并不会寻找40多岁的女老板，他们寻找的是花瓶。"

"花瓶型的太太？"

"花瓶型的勾搭者。"

萨拉尝试过一些交友网站，但是浏览人们的简介会花费太多时间，而她感兴趣的（而且年龄合适的）人很少给她回复。

这时，她发现一个交友机构针对有结婚意向人群的广告。工作人员会对所有的客户进行广泛的背景调查，为每个客户指派一个私人红娘，红娘会根据客户的性格测试和自己与客户的相处经验，给客户介绍一些潜在配偶。唯一的问题就是他们的服务费要好几千美元，这超过了萨拉能接受的价格范围。 然而，他们的高级销售员艾琳向萨拉承诺会将她纳入他们的系统中，在几天内就能安排她约会。萨拉决定冒险一试，签下合同。

为此，她在与我见面的时候明显高兴了很多。"我得大规模地动用储蓄了，"她有些紧张地说，"可是我的上一次约会已经是一年前的事情了，我想这会是我的最后一次约会。早上我去做了发型，并且已经进了他们的相册。艾琳说我的简介星期一就会挂到他们的网站上。"萨拉的声音中满是兴奋。她微笑着说，"让约会开始吧！"

可是约会并没有开始。在三周内打了无数次电话之后，萨拉最后直接去找了艾琳。销售顾问艾琳否认曾经向萨拉许诺能够那么快让萨拉的资料进入他们的系统。另外又说："萨拉，就在几个小时前我给你打了电话，想跟你谈谈你的第一个约会对象。"

"我一整天都在电话旁，根本没有电话打过来。"萨拉说。

"没有？"艾琳回答道，"我以为蒂娜会给你电话，蒂娜是你的私人红娘。我去找她，她会马上给你电话的。"

不久后，蒂娜确实给萨拉打了电话，并告诉她关于她的第一个约会对象的情况。"当蒂娜描述他的时候，我觉得他听起来还可以，"萨拉告诉我说，"但是当我问蒂娜为什么选择这么一个人时，蒂娜说不出这个男人和我有什么相似点，说不出这个男人有什么特质使她觉得他适合做我的丈夫。"

"听起来不太好。"我的耳边响起了警钟,这个交友服务机构听起来仿佛是个骗局。

"很可怕!"萨拉愤愤地说,"蒂娜一直把我和她其他的客户搞混,我的私人红娘应该对我了如指掌,好帮我物色合适的丈夫。但她对我一无所知,尽管我的档案就摆在她的面前!"

蒂娜说是他们的电脑系统出了点小问题,但她保证,几天之后,就会给萨拉电话通知她去见"合适的"约会对象。

蒂娜介绍的第一个对象的年龄为54岁。萨拉婉拒了那次引见,因为她在注册时就已经将年龄差距限定在10岁以内(即不能超过50岁),身高差别不能超过8英寸(萨拉5尺4寸高)。二号对象47岁,但身高6尺6寸,萨拉又一次拒绝了。三号对象听上去很不错,而且他的照片很令人满意,只是萨拉注意到他的简介中写着"已婚"。蒂娜向萨拉保证:"他马上就要离婚了。"萨拉不悦地再次拒绝。

第四个对象看起来没有什么明显的不合格之处。那时萨拉已不抱太大的希望了,但她决定还是试一试。第二天萨拉接到了他的电话。但是,他告诉萨拉说他不是来谈论约会事宜的,他正在向法院起诉这个婚姻介绍所,申请赔偿,他只是打过来提醒萨拉多加注意。萨拉听后十分震惊。

"那为什么你还在他们系统的名单当中?"她问,想到网站安排一个正在起诉网站的人与她约会,她愣得说不出话来。

"这几个月来我一直试着退出他们的系统,但是他们还是没把我退出来,这足以看出他们是多么不称职了!"那个人解释,"不过这也有好处,每次他们给我介绍对象时,我就会给对方打电话,并提醒他们也去申请退款。"

萨拉第二天就给这个机构打了电话,要求退回她的钱。蒂娜拒绝给萨拉任何形式的退款，并表示仍然乐意为萨拉"介绍精挑细选过的合适人选"。萨拉可不是不会抱怨的人，抱怨是小企业老板的生存必需技能。萨拉直接向艾琳投诉。经过一轮吵闹和对峙，很明显，艾琳不会退还一分钱给萨拉。

萨拉并没有放弃，她向信用卡公司写了一封信投诉收费不合理。交友服务公司则向萨拉的信用卡公司提供了他们销售合同的复印件，以证明萨拉已经错过了退款期（虽然只有几天而已）。萨拉再次给信用卡公司写信，申诉交友公司故意拖延让她进入系统的时间，一直拖到退款期限过期。信用卡公司只做出了道歉，但没有接受萨拉的申诉。

这时萨拉已经感到筋疲力尽。她花费了巨额资金，像抓住最后一根救命稻草一样去寻找爱情和幸福。而结果她所得到的，除了经济损失，还有痛心和失望。"我现在感觉很糟，"萨拉叹道，"我尝试了这么多次，但是什么用都没有！为什么想找一个对象就这么难！"

我十分同情萨拉。她聪明、迷人并且富有创意。但是她对于工作的投入和稀少的约会经验正慢慢侵蚀着她的自信。当然，作为一个设计师和小企业主，她仍然对自己抱有信心。但在约会的世界中，作为一个女人，一个伴侣，她觉得自己比以往任何时候都要糟糕。

"我知道这没有逻辑，但是我就好像被数据库里面所有的男人全部给拒绝了。"萨拉边说边轻轻地用纸巾拭去眼角的泪，"我觉得自己不够好，好像我哪些地方有毛病似的。为什么我觉得自己糟糕透顶？"

我意识到，帮助萨拉获得投诉成功正是我自己所等待的那个机会。萨拉的抱怨非常正当，而且她在婚介公司的经历对她的情绪和状态产生了深远的影响。帮助萨拉要回她的钱，能够让我观察抱怨疗法对治疗她的失望情绪、无助感以及催生她的自尊的长期效果。

实际上，萨拉面临的自尊问题非常典型。还记得吗，萨拉曾因不般配拒绝过三个男人，而第四个给了她宝贵的建议。她自己根本没有被谁拒绝过，一个也没有。那她又为何会有如此强烈的被拒绝感？为何她的自尊会遭到这样的打击？

让我们来对比一下萨拉和比尔的抱怨情况，比尔和她都在一项消费品上花费了几千美元（一台宽屏电视机和一个相亲服务项目），结果他们俩都感到很沮丧、失望和生气（出错的机顶盒和出错的伴侣选择）。他们都反复抱怨以求修正该状况，但是都未曾成功。最后，他们感到筋疲力尽，无法再进一步投诉。比尔是因为习得性无助，而萨拉是因为她认为自己用尽了所有办法。

不同的是，尽管比尔的心情被该事件所影响，他的总体自尊却没有受到伤害。他依然感觉良好，认为自己能力不凡。然而，萨拉的自尊却受到了巨大打击。我们如何理解这两种投诉经历对比尔和萨拉产生的天差地别的影响呢？为此，我们必须问自己一个问题，这个问题的答案似乎很简单，但实际并非如此。这个问题便是：

自尊究竟是什么？

伤不起的自尊

在我读研究生的时候，自尊被认为是一种复杂的心理现象，研究者的意见百家争鸣。为了跟上过去15年中这一重要主题的研究进展，我在图书馆里泡了很久，结果发现自尊依然被认为是一种复杂的心理现象，研究者的意见全都自成一派。真该为学术进步欢呼万岁！

不过，公平地说，过去15年还是有了一些进步。已经有一些全新的有前景的理念被提了出来。然而从全局来看，这个领域依然一片混乱。而从局部上看，关于自尊的论调已经从心理学阵地转战到其他场所，比方说我们的城市广场、学校，甚至市政大厅。

20世纪80年代，各种书籍、电视节目、名人政客都开始吹捧自尊的强大力量。人们认为具有高度自尊心能提高孩子的学习表现、减少少女怀孕率、减少犯罪和帮派暴力。人们花了几百万来打造自尊工程。许多书籍和工作室承诺它会带来奇迹，大量自尊倡导者竞相在电视节目上吸引观众的眼球，自尊很快便变成了最受人觊觎的心理配件。诚然，智慧、创造力、善良和其他优秀品质都相当诱人，但前提条件是你得先能够拥有它们。但在任何时候闪亮的自尊都是可以被唤起的。在流行文化中，自尊变成了整体心理健康的同义词，尽管它们有着完全不同的结构。

"自尊热潮"的唯一问题就是，实际上没有一本书、一项计划或是一家工作室发挥了效益。这个热潮不过是泡沫而已。即便人们"据说"提升了自尊，也并没有对他们的生活产生什么影响。加利福尼亚州政府并没有被热潮搞昏头，他们派出了一个特遣队去调查自尊那貌似神奇的力量。特遣队发现自尊实际上和学习表现、少女怀孕、吸毒以及帮派暴力无关，即使有关，影响也很小。但面对特遣队提交的关于自尊并没有什么魔力的报告，加州政府的做法是迅速地开始推广在加州学校内的自尊工程。

愚蠢的政客暂时放在一边，我们的问题依旧。自尊究竟是什么，又是如何被我们的抱怨行为影响的？

自尊指的是我们对待自我时持有的整体和具体的积极或消极的态度。我们通常通过观察周围人们对我们的行动和行为如何做出反应、将我们自己和其他人的行动和行为作比较来建立对自我的看法。大部分专家对此都十分赞同。但是问题棘手在，人们对自己的态度既宏观（我是个好人吗？我聪明吗？我具有创造性吗？），又微观（我是个好妈妈吗？我是个有能力的钢琴家吗？我是个忠诚的朋友吗？）。我们自尊的这两个方面（自我价值的总体看法和具体领域的自我价值感）很大程度上都是独立存在的。

例如，一位高中足球队里的球星文化课不甚理想，他在学术方面的自尊也许会很低，但他的总体自尊感和总体自我价值感却都非常高。一位总体自我价值感很低的人依然可以成为一名出色的厨师，当涉及他的厨艺时，他会有极高的自我评价。一般来说宏观自尊打击带来的后果比对具体自尊造成的伤害要严重得多。总体自尊下降与抑郁和焦虑息息相关，而具体自尊的下降影响则小得多。相比整体自尊，具体自尊更关系到我们的行为举止、我们在面对问题时的努力和坚持。

基于此，让我们来审视一下萨拉的经历。对相亲服务的投诉感到无能为力的她，是作为一名顾客，而非一个女人。这属于她的具体自尊范畴。因为得到劣质的服务而且经历了巨大的挫败，她感到失望、生气，甚至是愤怒，这都是很容易就能理解的。但是除此之外，她的整体自尊也受到了摧残，她的整体自我评价剧烈地下降，这是为什么呢？

这是因为尽管整体和具体自尊是独立鲜明的两个方面，但是它们依然相互作用，彼此影响。一个具体的自尊领域对我们越有意义，在我们生活中的作用越大，它对我们的整体自尊造成的影响也就越大。足球运动员一天要花数个小时来提高他的足球技巧，他从自己的成功中获得了许多社交优势。但是他在学习上花的时间远不及此，而且他从中获得的优势感也不及此（尽管这是学校的要求），因为足球对他来说比文化课更有意义。那么，一旦他作为足球运动员的自尊遭受到打击，会比他作为一名文化课学生遭受到打击所造成的影响严重得多。

比尔非常喜欢他的电视机，但是电视机并不能过分反映比尔的个性或影响他整体的自我评价。但是对萨拉来说，在相亲中遭受失败，即使是作为一位顾客，也具有极大的个人意义，会造成严重的后果。因此，这与她的整体自尊和整体个人价值感有巨大的相关性。对所有人来说都是如此。当我们的抱怨与我们的生活中非常重要的方面相关时，我们是否具备有效抱怨的能力对我们的自我价值感就会产生巨大影响。

另一方面，自尊不同于智商、创造性或是常识，它表现的形式非常狡猾。我们的自尊在生活过程中不是毫无变化的，它会跟随我们的经历上下波动。所以，我们在任何年龄都能获得或丧失自尊。比方说，退休之后，我们会发现自己的自我评价急剧下降。如果我们曾经的专业和工作获得巨大成功的话，那么退休之后很可能会觉得生活突然间变得十分空虚，没有了意义。我们必须花些时间来开发新的爱好，重新定位自己，树立新的自尊。

我们个人或职业生活中的任何重要事件都能造成自尊的相应波动。重要的是我们如何解读这些事件给我们带来的主观意义。在考试中得到好分数，和我们的孩子进行有意义和创造性的对话，或得到上司的一句赞美，对我们的自尊都会带来微小但积极的影响，而相反的经历则会给我们带来负面影响。我们的心情好坏也会随之摇摆。

萨拉的整体自我价值感受到了伤害是因为，她没得到解决的抱怨不仅与具体的客户自尊相关，它还涉及了一个对她来说具有极大个人意义的领域——相亲。此外还有一些其他事情造成了她的自我评价下降，那就是更具破坏性的受害感。

有效抱怨帮你挽回自尊

一项有意义的抱怨没能得到妥善解决，我们会感到无力、无助，还会感到自己成了受害者。任何一个人，当他开着故障连连的车，或者发现辛辛苦苦组装起家具却发现少了最后一个重要的零件，或者在飞机上莫名其妙地撞了一下时，心里都会产生一定程度的受害感。这样的情形下我们也很容易开始思考为何如此不公——为什么旁边的乘客有枕头我却没有，为什么维修工永远在承诺的六小时时限的最后五分钟才露面。无能为力和缺乏公平，这两种观点和感受的结合通常都会导致纠结不去的受害感。

受害感（和羞耻以及惭愧一样）对我们的整体自尊是极其有害的。然而，抱怨、勇敢发言和积极跟进能扭转受害感的影响，尤其是我们能成功做到这些的时候。采取恰当的抱怨措施能比数年的心理治疗更有效地抹去无助和无望的影响。有效抱怨能逆转受害感，并在这个过程中重建我们的自尊。

有效抱怨可以成为一种强大的疗法，它只需要用意志和技巧去赢得结果。萨拉在这两方面都需要我的帮助，她自己的意志和决心都已经消磨殆尽，而她投诉的技巧也已经用光。

再次进行治疗的时候，我心中有了一个认为可行的办法。我建议萨拉再次向信用卡公司投诉。不出所料，她不太乐意这么做，她依然十分敏感脆弱，不想让自己再失望一次。

我认为萨拉再次投诉会起作用，于是向萨拉道明了理由。萨拉第一次提出投诉被拒，是因为退款期已经结束了。但是她的抱怨的关键所在并不是退款期的问题。她的情况类似于一个人在商店里买回了一台冰箱，刚回家就发现它的制冷系统有问题。萨拉订购了一套交友服务，但该服务却没能为她提供正经的约会，可当初此服务却向萨拉做出过不少承诺，比方说承诺他们会为萨拉

采取恰当的抱怨措施能比数年的心理治疗更有效地抹去无助和无望的影响。有效抱怨能逆转受害感，并在这个过程中重建我们的自尊。

介绍的男性的数量。我相信萨拉如果重新阅览一下合同，会发现合同中兑现的承诺寥寥无几。她说，不是寥寥无几，而是完全没有。所以，我让萨拉在投诉信中将合同上提到的承诺——列举出来，然后逐点详述他们如何失信。

萨拉最终同意给信用卡公司写投诉信，但称这是最后一次。在她写信的时候心情逐渐转好，因为她开始觉得这封信或许会给事情带来转机。几周以后，信用卡公司判萨拉胜诉，并将萨拉支付给该婚介公司的费用全额退回到她的账户上，这使得萨拉心情大好。在之后的一次会面中，她得意地宣布："我可不像第四名单身汉，我甚至连诉讼都不用就赢了。"

最令人高兴的是，通过此事萨拉重拾了信心。战胜了婚介公司，使萨拉变得比以前更坚强，更自信。她觉得自己经历了一连串的考验，最终顺利地克服了磨难，变得更加强大。她认为自己像一名斗士，而非受害者。

但我不知道萨拉的自信心是否从根本上得到了提高，又或许这仅仅只是胜利带来的短暂快感，和看到上千美元流入账户而获得的满足感。如果她性格上的完善仅仅是因为经济水平的改善，那么这一连串事件给其自信心带来的积极影响就只会是短暂的。一项对彩票中奖者的调查显示，虽然他们在赢得百万美元以后收获了无限的快乐和巨大的满足感，但这种情绪，包括因中奖而升华的性格都会在几个月后恢复到赢得彩票前的状态。

可好几个月过去了，萨拉仍然情绪高昂，她开始考虑重新投入到交友活动中去。她十分迫切地想要搜寻一些可以遇上志同道合者的新鲜场所。但她不知道该选择哪里。在和萨拉聊到这个困境时，我想到了马丁·塞利格曼。

塞利格曼的积极心理学理论中有一个重要观点：识别个体"个性优势"的重要性。"个性优势"是指我们每个人身上的独特之处，我们与之紧密联系，而它们也会让我们充满成就感。"个性优势"通常是一些稳定的长处，是我们可以通过练习不断提高的个人特长。勇气、毅力、诚实、和善，这些都是"个性优势"。塞利格曼认为人们应该识别出最适合自己的个性，然后尽可能在生活中多多利用它们。想要体验真正的快乐，这样做是很重要的。

萨拉就有很多个性优势，作为一位设计公司的老板，她已经充分利用了自身的独创性和领导才能。但仍有一种个性优势萨拉未曾利用过——那就是她丰富的幽默感。我建议她去参加即兴表演的喜剧班，作为人际交往和发掘新事物的一种手段。而萨拉则想让挑战更有难度。一个星期后她报名参加了一个脱口秀的喜剧班。两个月后，在纽约的一家一流的喜剧俱乐部，她第一次登台表演了。之后我们会面的时候，她把演出的录影带给我看。她的演出很专业，和专业演员没有什么差别，台风极佳。

萨拉不仅有效地控诉了心中不满，还重拾自我，精神面貌也更胜从前。在这个过程中，她还找到了新的激情。更令人兴奋的是，一位喜剧演员在演出之后约她出去。这位男士单身，四十出头，一米七八的个头，当然还拥有非凡的幽默感。那个周末他们约会了。萨拉说："我们在一起的时候一直在笑。"说这个的时候，她脸上焕发着强烈的光彩，那光彩是她的好情绪，她重拾的自信和自尊。

开口抱怨可能救人一命

习得性无助的研究表明，面对无助时，并不是所有人都会陷入抑郁，自尊下降。反之，在有效抱怨之后，也不是所有人都会提升自尊。但是如果解决一件意义重大的事情，多数人都会在感情和心理上受益。萨拉抱怨疗法的结果令我十分振奋，因此我热切盼望着下一位患者，希望可以继续探索这种疗法。

就在萨拉告诉我她开始约会的第二天，我接待了一个叫史蒂夫的来访者，他52岁，是一名律师助理，一个星期前刚成为我的客户。史蒂夫是我常说的那种"被迫者"。"被迫者"通常不是因为自己觉得有必要才来治疗，而是受迫于妻子或其他家庭成员的压力。在绝大多数夫妻治疗的案例中，夫妻双方总有一方的积极性会胜于另一方。但通常"被迫者"来治疗时，另一半却没有陪伴其侧。这些"被迫者"多数是在经历了几周、几个月甚至是几年的夫妻关系紧张后才不得不来见我。妻子们总是不断强迫丈夫，直到丈夫最终屈服，同意去见心理咨询师。

"被迫者"第一次访谈的时候会表现得愤愤不平，说他们并不想参与这个治疗，行动也往往不太配合。这很自然，因为从他们的角度看，我显然不了解他们家中的争斗和闹剧。正常的治疗过程中往往埋伏着患者在婚姻生活中敢怒不敢言的被动攻击性表现。开头虽然不够愉快，不过最好的办法还是耐心坐着等他们发泄完。

我的第一个问题是问他为什么要来这里做咨询。史蒂夫起初一直都没有看我，听到问题他瞥了我一眼，又皱着眉头把视线移开，小声而含糊地说道："有人说我太暴躁，很自私。"他的口气表明他并不承认这两点。

"谁说的？"我询问道。

"我妻子吧，我想。"他愤愤不平地答。

"除了你的妻子，还有其他人认为你很暴躁很自私吗？"

史蒂夫回答："没有。"

"那么你认同你妻子的观点吗？"

史蒂夫耸了耸肩，什么也没说。

因此，我推测，在史蒂夫的婚姻生活中基本上都是他的妻子在说话（"被迫者"通常是这种情况），所以我不想让自己说得超过他说话的量,这样会助长婚姻生活中妻子的压力对他的侵蚀。所以,我侧着头,等待他继续说下去。

史蒂夫又耸了耸肩。我继续保持沉默和倾听。最后,他说:"我想……"

"似乎你想说'不是那样的'。"我接着他的话说下去。

"什么意思?"

"我的意思是,听起来似乎你并不同意你妻子的论断。"

他又耸了耸肩,我等他开口。最终他说:"每个人都有暴躁的时候。"

"就像我所说的,史蒂夫,你并不觉得这是什么大不了的事儿。你是我的来访者,而你妻子不是,所以你完全可以告诉我你觉得问题出在哪里。"

"我不知道。"史蒂夫说,"我觉得我没有问题。"

"好吧,其实不是这样的,你身上至少有一个问题。"我提出异议,"当你不认同你妻子的时候,你似乎不愿意告诉她,比如,关于你是否暴躁。"

"我告诉过她我不暴躁。"

"但现在你还是身在这里。"我语气柔和地说,"史蒂夫,因为妻子的坚持而不得不坐在咨询室里的丈夫,你不是第一个。你的妻子觉得你太暴躁、太自私,于是让你到我这儿来,为的是让你把它们改掉。对此我充分理解,同时,你心里虽然抵触却还是说服自己到这里来了,我也十分赞赏。你已经完成了你的任务。"

"那么现在你想怎样?"史蒂夫问,语气中带着挑衅。

"所以剩下的时间,我们或许可以从你的角度来讨论一下这些问题,而不是从你妻子的角度。可以吗?"

史蒂夫点了点头。

于是我说:"好的,那么你聊一聊你的家庭生活吧。但记住要从你的角度去说，我要听你自己的想法。"

史蒂夫点了点头。

"太好了，那么现在就先说说你的婚姻生活吧，好的、坏的、丑陋的，都说说看。"

史蒂夫以他非常拘谨的风格开始了讲述。不出我所料，他说的内容好的不多，几乎全是消极的，甚至还有一些是极不堪的。委屈和挫败感在史蒂夫的心里囤积了15年之久，但我敢肯定他从未和妻子提起过。他不堪一击，声音听起来十分抑郁、焦虑，缺乏安全感，又有点自卑，而且他体重明显超标，蓬头垢面。史蒂夫完全顾不上自己的身心健康了。

他还说自己在前一年就被诊断出患有轻微的心血管疾病，医生曾告知他有心脏病发作的危险，建议他改变生活方式，但现有的饮食习惯和伏案久坐的工作方式，史蒂夫都无法改变。听到这些，我感到万分忧虑。他患心脏病的危险比他意识到的要高得多。

史蒂夫是一个典型病例，健康心理学家将其称之为D型人格——D代表抑郁。具有D型人格的人一方面感受到大量的负面情绪，另一方面又无力表达出这种情绪。他们像闷葫芦似的把内心大量的不良情绪统统憋在肚子里，因此，在面对相同基本风险因素的情况下，他们罹患心血管疾病的风险是非D型人格者的四倍。在史蒂夫的例子中，教他表达出自己的抱怨（负面情绪）不仅能改善他的情绪，帮他找回自尊，很可能还会救他一命。

不做高危D型人

D型人格是近年来提出的一个新概念。20世纪50年代，冠心病成了美国的头号杀手，为了降低发病率，改进防治措施，人们对它进行了大量的研究。两位心脏病专家梅尔·弗里德曼（Meyer

Friedman）和雷·罗森曼（Ray Rosenman）在 1964 年发现，有一部分人有一组特定的特点，比如经常感到急躁和具有时间紧迫感——这样的人罹患冠心病的危险特别大。他们把这类人称为 A 型人格群体。他们还发现那些拥有看似相反性格的人，即生活随意、悠闲散漫的人，罹患冠心病的风险小得多。他们将此称为 B 型人格。具有 B 型人格的人会积极采取措施来避免生活压力，并且能将可能产生压力的境况减到最少。随着研究的展开（我当时也短时参与了这项研究），我们发现 A 型人格的人不但具有时间紧迫感，而且极具得失心、缺乏耐心，最重要的是，他们具有攻击性和敌对性。根据这么多年来的观察，A 型人格群体的攻击性和敌对性似乎就是使他们罹患冠心病的罪魁祸首。

然而在 20 世纪 90 年代，A 型人格和 B 型人格的一般和总体性格特征备受争议，并且慢慢失去了科学上的支持。在 90 年代中期，荷兰医生约翰·德诺雷（Johan Denollet）发现了一些有趣的事情。有一些人像 A 型人格者一样容易心生敌意和愤怒，但是在发泄这些负面情绪时却显得困难重重，他们也极其容易受到高血压和慢性疾病的侵害，死亡率甚至比其他高风险的心脏病患者要高得多。自卑及过多的消极情绪，还有抑制自己对这些情绪的宣泄，将这些人置于千钧一发的危险之中。德诺雷证明了压力和痛苦都是威胁他们心脏健康的"致命危险因素"。

史蒂夫与 D 型人格的描述完全吻合。

抑制自己的负面情绪会使人直接处于罹患冠心病的危险之中，学习有效的抱怨则能帮助史蒂夫和其他 D 型人格者更好地表达情感。获得有效的抱怨技巧，从理论上讲能够减轻他们的压力，甚至可能减少他们发生心脏病的风险。

史蒂夫的心中既痛苦又愤怒，但是他无法畅所欲言地表达出来，许多负面情绪闷在心中没有得到宣泄。他满腹牢骚、喃喃自语、哀叹连连，却极少向他人抱怨。我将关于 D 型人格研究的结果告诉了史蒂夫，并建议他学会用科学的方法来宣泄情感，这对他来说尤为重要。我们的工作首先从让史蒂夫学会对妻子发泄抱怨情绪开始。史蒂夫对我提出的 D 型人格的诊断和分析完全赞同，但是当我提到他可以对自己妻子抱怨时，他立刻露出惊慌的神色。我向他解释说我的意思并不是让他一回家就释放他此前从未发泄出的怨恨洪流。

"你的心里流淌着一条不满之河，"我解释说，"但是我并不建议你摧毁心中的大坝。"相反，我只是提议让这种不满如涓涓细流一样泄出来，只要能保持水库的水位标准就足够了。任意一个小小的、甚至一些微不足道的事情都可以成为学习抱怨技巧的开始。

史蒂夫刚开始有些犹豫。但是沉默了一会儿后，他小心翼翼地提及当他看自己最喜欢的科幻电视节目时，他的妻子就会嘲笑他，称他为"星际痴呆"。

"她这么做的时候你回应她了吗？"我问。

"那又有什么用呢？她明明知道我不喜欢，可是她还是这么做。"

"她这么做一部分也是因为你并没有反对啊，"我说，"你没有对她抱怨，也没有给她只言片语来表明你是否在乎她嘲笑你。如果你冷静、恭敬但十分坚定地大声说出你的不满，表明你想要安静地欣赏你最喜爱的电视节目，我很好奇接下来会怎么样。"

"我有时候确实会抱怨的，"史蒂夫说，"但是这样做没有用。"

"我明白，"我回答，"但是，你到底是怎样对你的妻子抱怨的呢？"

"我叫她闭上臭嘴，别来烦我。"

"啊，这样你就觉得公平些了，"我指明，"但这样并不是特别有效。让我们看看是否能想出其他办法来，使你得到你想要的结果吧。"

我们接下来的对话都围绕着史蒂夫如何更好地对妻子宣泄抱怨情绪。史蒂夫对自己的抱怨能力如此缺乏信心,以至于他需要边听边记录(我一直鼓励病人这么做)。谈到最后,我终于成功地说服他去尝试一次有效的抱怨。当然,史蒂夫的婚姻问题比这大得多。但是,除非史蒂夫学会了直言不讳,否则他是没法像自己喜欢的电视节目里的主角们一样长命百岁的。

究竟该抱怨什么?

史蒂夫的困境并不是由他的受迫造成的。所有生活在一个屋檐下的夫妇都必须搞清楚:该抱怨什么,又该对什么睁一只眼闭一只眼。否则,婚姻生活自始至终都将充斥着对彼此的恼怒和愤恨(一些长期争吵不休的夫妻正是如此)。

罗宾·柯瓦尔斯基教授是一位研究抱怨行为的心理学家,有一次她让自己的学生们列出所有恋爱关系中令人抱怨的事情。他们列出的抱怨数目惊人,多到她必须将它们进行分门别类才能理解其中的意义。这些抱怨的范围从严肃认真的(拒绝沟通、缺乏信任感、被不合理的内疚牵绊)到稀松平常的(借太多东西、不更换卷筒卫生纸、看电影时肆意聊天),再到有点惹人厌恶的(以难闻的体臭和挖鼻孔为佼佼者)。

慎重选择抱怨之事并做出明智的决定是有效抱怨最重要的一个方面。为了达到目的,我们不该同时抱怨两件或者更多的事情。所以,在特定的时候,哪些不满是应该集中关注的,我们有必要认真考量。一般而言,确定哪些是有意义的抱怨远比把它们讲出来重要得多,因为它们会对我们的生活和自尊产生最大的影响。

然而,对于史蒂夫这样抱怨技巧才刚刚入门的人来说,从一个单一而又具体的抱怨开始就显得尤为重要。出于实践的目的，我们应该始终选择相对容易的抱怨。另外，我们的抱怨越简单越具体，我们就越容易评估出它是否达到了我们预期的效果。史蒂夫只需注意他的妻子嘲笑他是"星际痴呆"的频率是否降低或是完全停止。如果他抱怨了，她还是一如既往地经常嘲笑他，那他就知道他的努力没有达到良好的预期效果。

我后来一直期待和史蒂夫再次交谈，渴望知道他是否最终鼓起勇气向他的妻子抱怨。像史蒂夫这样的男人总是不愿意宣泄自己的情绪，他们往往会想出过多的借口来说服自己不这样做。一方面，我希望史蒂夫能给我解释他为什么没有很好地执行他的抱怨任务；但另一方面，我的直觉告诉我，他已经把我的建议铭记于心了。

然而，令我惊讶的是，史蒂夫根本没有再次出现在我面前。起初，我想是否我提出的抱怨任务对他来说太难了。他不来，也许是因为他内心的消极抵抗。我打电话到史蒂夫的家里，他的妻子接了电话，她告诉我史蒂夫已经住院了。原来前一天晚上，他的心脏病发作了。

我立刻感到一股强大的内疚感涌上心头，几乎使我也心脏病发作。是我鼓动史蒂夫向他的妻子抱怨，大胆去做以前不愿做的事的。如果我的所作所为是他心脏状况恶化的催化剂，我会十分难过和歉疚。

我向史蒂夫的妻子询问他的详细情况，但是她急着要带一些洗漱用品和换洗衣服回医院。她说她会告诉史蒂夫我给他打过电话，这令人安心了很多，因为这意味着史蒂夫至少还有意识与人交流。史蒂夫在几个小时之后亲自给我打来了电话。幸运的是，他只是轻度的心脏病发作，他的医生一完成检查，他就可以出院了。

"听到这个消息我真的感到很欣慰，史蒂夫，"我说，"也许在你的医生表示你可以承受压力之前，我们应该把你的抱怨任务暂时撇到一边去。"

"不，"史蒂夫回答，"这件事我已经做过了。上个礼拜我们谈话结束后我就对她说了，一切顺利。事实上，我们交谈过，感觉非常好。我告诉我的心脏病医生要来见你时，他也十分赞成。"

史蒂夫说他的身体完全恢复后就要与我再进行一次谈话。我十分高兴史蒂夫的康复状况良好，更令我激动的是，他坚持完成了他的抱怨任务。一个月后，他来找我谈话了。

史蒂夫还是史蒂夫，他在表达情绪方面仍然有许多问题和困扰。但是他现在知道，克制自己不去抱怨就不能带来改善。史蒂夫说他与妻子更开诚布公地进行了一次谈话，他还提到，似乎他妻子对他的抱怨给予了更多的回应，他在家中疗养的一个月里，她甚至一次都没有嘲笑过他。

史蒂夫在有效抱怨上的初试身手是一个最佳案例。我们的交谈和他对发泄抱怨情绪的贯彻落实，起了一种验证的作用。这些经验表明，无论多么微小的抱怨，表达出来都十分重要，这给了他极大的鼓舞和动力更多地表达内心的情感。

我意识到，其实史蒂夫已经不需要再来咨询了。我们在这件事情上的共同努力虽然短暂，但他却已经感觉到足够坚强。有那么一阵子，我被深深感动了。然而，我内心的愉悦只是昙花一现，因为史蒂夫很快就提到这次谈话的安排只是他妻子的主意，并不是他自己的。不过，他补充道："但是我并不介意……不怎么介意。"史蒂夫如是说，这个说法实际上挺可爱的。史蒂夫仍然是一个被动的人（因为他仍然听从妻子的安排），但是，他至少不会再满足于自己的 D 型人格了。史蒂夫已经完全明白，与妻子一同努力，学会更好地表达情感（发泄他的抱怨情绪），是保持健康的最佳方式。

抱怨疗法运用得当，会获得很大成效，但是它不是包治百病的灵丹妙药。有效的抱怨是否能使我们摆脱抑郁、增强我们的自尊、改善我们的人际关系或者促进我们社区的发展，都取决于众多的因素。我们的处境、我们抱怨的性质和意义、目标受众的性格、我们传递的信息，甚至是我们的社会凝聚力，都会结合起来决定抱怨之战的成果。

然而，从理论上讲，抱怨疗法为像史蒂夫一样属于 D 型人格的人群展示了一个实现减压的新选择。当然，在被科学的方法证明之前，这还只是迷人的假设。

不需要医生的疗法

我有一个叫罗西的患者。抱怨疗法使她的生活发生了翻天覆地的变化，而且这样的成果完全是靠她自己取得的。

罗西出生于两次世界大战期间，在一个中产阶级的犹太人家庭长大。她读完了大学，结婚，然后离婚。在她二十八九岁时，她与第二任丈夫欧文结婚了，并且很快就引领欧文爱上了她的第二大爱好——国际标准拉丁舞。当欧文与罗西共舞时，他总是情绪高昂，尽管据说他常常跳错舞步。经过多年的磨合，欧文最终成了一位高雅、合格的舞者。罗西的最大爱好是唱歌，成为一个女歌手是她的职业梦想，但是她为了生活终日奔波劳累，患上了严重的抑郁症，总是郁郁寡欢。这使得她屡屡与机遇擦肩而过。

遗憾的是，当罗西年轻时，她的这种抑郁症几乎没有有效的治疗方法。刚开始她尝试了一天的谈话治疗，即采用弗洛伊德精神分析的形式。这种疗法包括一星期四次的谈话，这些谈话不但浪费精力，而且往往是毫无意义的自我反省。在这个过程中，罗西漫无目的地说出心里话，讲述她梦的片段，跟随思绪浮想联翩，发掘她童年的每一个细节，无论她的回忆有多么不准确（今天我们很多人都知道记忆往往是非常不准确的）。所有这种谈话治疗的目的，通常是要发掘患者潜在的恋母情结、可耻的死亡本能和其他一大群神秘的心理感受。虽然这些工作有时看起来引人入胜，但是它对罗西的抑郁症并没有多大帮助。

罗西和她的丈夫搬到了纽约一栋漂亮的公寓中，离中央公园很近。他们一共生了两个孩子。他们四处旅游，每个礼拜都会去跳拉丁舞。然而，这么多年来，罗西的抑郁症却日益严重了。20世纪60年代，当她告别精神病医院的时候，她唯一真正的治疗方案只剩下电休克治疗（简称"ECT"）了。

ECT已经存在许多年，它对严重的抑郁症具有显著的疗效。然而，现在这种治疗被极大地误解了，它看起来令人心惊胆战——主要是由于电影和电视里的描述。ECT的场景通常是从一个"绝望的犯人"被几个敦实的男护士按倒在轮床上开始的，"受害人"在惊慌中强烈反抗和挣扎，但无济于事，他们最终还是会被五花大绑固定下来。接着，"邪恶的"医生走进来，用大量的电流震动"受害者"的大脑，顿时火花飞溅，仿佛科学怪人的实验室。

任何人只要一想到采用这种野蛮的治疗方案都会惊恐莫名。然而，实际上ECT并非是一个惊心动魄的方案，对任何人来讲都如此。正如病人将要进行一种外科手术一样，主治麻醉医生会先使他们进入睡眠状态，他们会被注入肌肉松弛剂（为了防止他们抽搐和乱动），然后一个短暂的（只有几秒）电脉冲会传送到他们的大脑中。

当我第一次看到一个患者进行ECT治疗时，我对于将会发生的事情毫无概念。我看到患者的手指和脚趾轻微动了几下——就这样而已，医生宣布手术完成。如果我眼睛一眨，就会错过这次手术了。

毫无疑问，罗西是极不愿意采用ECT疗法的。然而，正如常见的抗拒治疗抑郁症病例一样，这种治疗法在她身上产生了神奇的效果。她回家后的几个月里康复状况良好。但后来她的抑郁症一再复发（ECT是非常有效的，但是没有了门诊的维持治疗，旧病复发十分常见）。许多年来，罗西总是反复地出入医院，就如同她从抑郁症中进进出出一样，一次次的电休克治疗只能给她带来一次次短暂的喘息机会。对于不得不去医院"让大脑被震击"，罗西早已心生厌恶，但是除此之外，对她的抑郁症似乎并没有什么有效疗法。

不幸的是，罗西自尊的恢复速度总体上远不及她的忧郁症发展程度。她渐渐觉得无法再维持日常生活的基本方面了，于是将所有的财务决策、旅游规划和其他复杂的任务都交给了她的丈夫。随着时间的推移，罗西的自我价值感持续下降。直到最后，她觉得自己过于无能和胆小，甚至连一张简单的支票都写不好。

当我遇见罗西时，她已经70岁了，刚刚摆脱了又一次长期住院治疗。她和她的丈夫向我打听了夫妻心理疗法。我们第一次交谈时，罗西显得犹豫不决、毫无自信，并且十分疲倦。她每回答一个问题都要瞟一眼欧文，借此来验证她的回答是否准确。在谈话将要结束的时候，我问罗西，她康复时间最长的那次是什么时候。罗西想了片刻后看了欧文一眼，接着继续回想，然后她的眼睛突然亮了起来。

"美沙酮诊所！"她大声叫了出来，声音比之前提高了一倍，"就是美沙酮诊所！"

欧文点了点头："她说得对，是去了美沙酮诊所。"

"美沙酮诊所是吗，罗西？"我开玩笑地问道，"注射了海洛因吗？"

我第一次看到罗西笑了。她在座位上向前移了一点，开始给我讲述一个故事。刚开始的时候她的语速十分缓慢（说话速度慢是严重抑郁症的症状之一），但是当她讲到故事的结尾时，她的语速变得很正常。原来罗西的生命中有一个时期，一连几年都没有去住院治疗，那段时间是她精神状态最好的时段。那些年罗西一直忙碌着一件事——一次申诉。

几年前，罗西和欧文住在曼哈顿区一个安静的街道中，那时候这座城市里的大多数街道既不安静也不美好，吸毒活动十分猖獗。针对这种情况，市政府开设了许多美沙酮诊所来帮助海洛因上瘾者恢复健康，而其中一家诊所正好要设置在罗西和欧文所在的街区。

街道上的居民听到这个计划被激怒了，他们无法忍受那些接受治疗的海洛因依赖者在这个高档社区里横行。众所周知，一些美沙酮使用者会为了筹钱买毒品而卖掉自己的美沙酮，这就使得其他的吸毒者向美沙酮诊所周边聚集过来。一想到毒贩子就在家门口交易和注射毒品，该街区的居民立刻开始恐慌，于是他们聚集起来，商量对策，反对市政府的倡议。但是，这个任务十分艰巨，他们简直是在与市政府作对。他们需要一个强有力的领导者：一个能够仗义执言、组织活动、制定策略的人。他们需要一个将军——这个人就是罗西。

罗西将她和欧文的公寓变为了作战室。她组织写信运动、抗议活动和其他一大堆措施。这个街区组织与市政府要进行的斗争是长期的，罗西面临了她永远也想不到的压力和挑战。然而，她不仅安然渡过了这些难关，而且还赢得了这场战斗！市政府最终迫于压力屈服了，取消了那家美沙酮诊所。除了漂亮的女儿和外孙女之外，罗西对美沙酮诊所的申诉活动是她一生中最大的成就。

即使在与市政府的斗争落幕后的一段时间里，罗西的抑郁症还是持续减轻，她与孩子、丈夫更频繁地沟通交流，生活也变得丰富了。最重要的是，罗西的抑郁症在这之后许多年都保持着更温和更稳定的状态。

罗西的抱怨自我治疗并没有带来一劳永逸的效果，但罗西和她的丈夫都为她所追求的申诉做出了贡献，这种贡献所带来的变化是十分了不起的，尤其是考虑到伴随她一生的抑郁症。令人称奇的是，这次经历对她的影响并没有完全消失。在我们的交谈中，仅仅叙述这事件就对罗西的康复显示出巨大效果。这次治疗，她似乎比以往恢复得快得多。

在接下来的岁月里，我设法和她一起将她与市政府之战的全部细节都讨论了一遍，只要有机会我便并尽可能赞扬她如同"平民军领袖"。我将治疗的很大一部分集中在罗西的申诉经历中，因为她能够回想起，甚至可以再次感受到她那时候所体会到的权力和能力。我们也探讨了可以使她在日常生活中重新体验这种感觉的其他方法。

罗西开始对她和欧文的个人财务决策以及其他事务表现出参与的兴趣，这些都是她回避了多年的事情。后来她还是继续去看心理医生，定期接受 ECT 门诊治疗，同时她和欧文继续每隔几个星期就来我这里接受夫妻心理治疗。我们讨论的话题从没有远离过她对市政府申诉这件事——近十年来，罗西再也没有住院治疗了。

日常抱怨疗法指南

罗西的经历证明了抱怨疗法的一个关键点——它不需要医生。相反，我们需要的只是心怀美好的愿望，一个有效又有意义的抱怨和一个有力的抱怨工具箱。为此，本书第五章将论述建构有效抱怨的具体规则，第六章将探讨我们在表达和接受来自亲人的抱怨时需要考虑的事项和实用技巧。

当开始一个抱怨治疗的疗程时，选择一些简单和相对容易解决的抱怨——不论它性质上是消费投诉还是人际间的抱怨——都是获得有效抱怨技能的最好训练。当涉及人际间的抱怨时，成功的解决方法能使得双方都对其结果感到宽慰和满意。要知道，感到受到了伤害是造成裂痕的首要原因，它会使人们更难冰释前嫌。当选择一次人际间的抱怨作为训练时，要确保它是一个低风险的问题。

举一个例子，抱怨我们的另一半不理家务和抱怨双方都在避免亲密关系，前者对于夫妻双方来说都是比较容易解决的。

其次，最好是选择那些能对效果做出轻松评估的抱怨。一个简单的消费投诉非常适合作为我们的实习期练习，无论所涉及的产品或服务是否得到处理。如果抱怨一个青少年在学校学习不够努力，结果则是难以评估的。你并不能确定看见他是否做出了更大努力，因为青少年并不经常出现在我们的视线之中。而且这种努力可能不会立刻体现在他们的分数上，因为学习上的努力往往需要一段时间才能初见成效。

一旦我们已经训练好了自己有效抱怨的技能，并且更有自信，我们就可以继续进行更有意义的抱怨。然而，我们应该在做出选择之前认真地考虑抱怨的各个方面，以及所有可能的结果。当瑞秋（第一章中提到过）抱怨她的男朋友与另一个女人调情，她可能就已经预料到会出现争吵，但是她绝对没有想到自己会当场被甩。

有效的抱怨技巧能赋予你力量，抱怨成功是积极向上、甚至振奋人心的经验，但我们应该抵制这种诱惑，以免越来越"把自己的快乐建立在抱怨之上"。打包好行李踏上狂热抱怨之旅，找曾经让我们受过委屈的每家公司或个人算旧账，这种做法也不是明智之举。

第四章

什么时候才该抱怨？

When to Squeak—
How to Avoid Complaining Dangers

许多人埋怨记忆差，却没有人抱怨自己判断力差。

——本杰明·富兰克林

30岁的乔安娜是一个企业活动策划，但当她拿出十万美元开始策划自己的结婚典礼时，她的自尊和职业自豪感变得岌岌可危。乔安娜对婚礼的每个细节都绞尽脑汁，例如对宴会上桌面插花的确切高度提出要求，希望花束大到足以令人印象深刻，但又不会高到妨碍餐桌上客人的交谈。

在与我的交谈中，乔安娜经常谈到她对细节的关注和微观管理的倾向，她也意识到自己有可能为了几棵树木而失去一片森林，所以，她同意，一旦那个大日子来临，就将折腾了她好几个月的所有恼人细节抛开，只把注意力放在享受她生命中最美好的那一天上。

结婚仪式结束后，乔安娜与她的新婚丈夫来到了热闹非凡的宴会中。她立即注意到了餐桌上插花的布置，它们简直比原计划的高出一倍，而且显然阻碍了一桌子宾客的自由交流。虽然乔安娜曾发誓在这种情况下要保持冷静，但就在她看到那恐怖的像食人花一样的花束的时候，她还是把她最良好的意愿都抛诸脑后了。她一桌一桌地查看这场"灾祸"的程度。然后，她找到了婚宴筹办人，当着几个宾客的面谴责他，接着她又把婚礼策划人员斥骂了一顿。然而令她没想到的是，接下来闹出了难以收拾的一幕——那些工作人员不甘心在众多宾客面前被斥责，尤其是这些宾客当中可能有他们的潜在客户，于是他们对待乔安娜的斥责也没有好言回应。乔安娜变得非常激动，泪流满面地跑出了宴会。

尽管这是一起不幸事件，但乔安娜的经历却为我们提供了一些关于抱怨的经验教训。首先，在表达不满之前，我们应该确定自己究竟希望通过抱怨得到些什么。乔安娜的婚礼在其他方面都很美好，甚至她自己也坦然承认。然而，不论插花的布置多么令人气恼，她当场就做出激烈的抱怨并毁掉自己婚礼的行为都不会带来什么好处。如果乔安娜多花一些时间考虑一下什么样的抱怨才可以被人接受，她就有可能避免许多痛心和尴尬。

第二，有些抱怨不值得提出，而另一些抱怨不应立刻提出，可以稍后再处理。结婚典礼及其他庆祝活动、度假和特殊事件就属于典型的情况，这种时候，推迟我们的抱怨，等待其他时机，也许是最明智的决定。当在生日派对上意外收到了错误的蛋糕，当酒店最后一个可住的海景客房面朝着停车场，或者当参加保龄球锦标赛时送来的新T恤衬衫上面赫然印着"保齿球队"——的确，这些都令人火冒三丈。然而，仅仅因为我们有充分的抱怨理由就即刻发牢骚，并不是明智之举。

如果我们非常想要发泄一下，可以花几分钟时间来小心地宣泄一下自己的情绪，然后继续融入活动中来。就比如乔安娜，她应该私下里去找她的丈夫、母亲或者伴娘，花两分钟时间（不能更久）发泄一下对"怪异花枝"的不满情绪。她本该寻找一种快速的情感认同（一声表示同情的"哦"、"啧啧"或一个拥抱），然后利用发泄后得到的情感安慰（可能会很少）来摆脱愤怒，并重新把注意力放到自己的婚礼上。

第三点也是我们可以从乔安娜身上学到的最普遍的经验教训：抱怨总是伴随着危险。某些危险我们可以预料得到，但很多则会令我们猝不及防。不幸的是，我们通常都会发现，不可预计的危险大多更难应对。

2008 年，在宾夕法尼亚州华盛顿郡的萝伦·牛顿去发廊里做头发。她不喜欢新发型，向造型师抱怨。造型师离开了发廊，返回时带着一把上膛的枪，对着"她自己的天花板"鸣了一枪作为警告。牛顿明智地听从警告，逃离了那房子。不过发型师对于怎么实施警告有些可怕的误解，她对着逃跑顾客的后背又来了一枪。幸运的是，牛顿大难不死，身体慢慢地复原——但她完全不再提她的发型了。

错误抱怨惹麻烦

我们向外界发泄许许多多抱怨，正如牛顿发现的，其中一些抱怨会反弹回来咬我们一口。我们总会在各式媒体上看到或者听到抱怨带来的暴力事件。

2007 年，澳大利亚一个 47 岁的中年人，约瑟夫·达兰特，由于抱怨一个妇女养的狗太过吵闹而被该妇女刺伤致死。2009 年 5 月，克莉斯多·塞缪尔在卡罗莱纳州南部的一家华夫饼店投诉一个女服务生的态度不好之后，遭到报复而手臂中弹。还有 2006 年，演员兼导演安德林妮·夏莉因为投诉建筑噪音在她纽约的公寓里被谋杀。最后这桩事，无论是从地理上还是从抱怨的内容上，都和我的真实生活非常接近。

当然，大多数的抱怨根本不会在我们身体上造成伤害。可能受伤的是我们的情感和自尊，我们的骄傲和荣誉。

避免被我们自己的抱怨反咬一口的唯一办法，就是充分利用我们的常识，考虑我们行为的后果。我们大多数人都倾向于相信我们的常识是可靠的，在生活中常识的确非常可靠。但是当涉及抱怨时，再聪明的人也常常会忘记考虑行为的后果。如果不能运

避免被我们自己的抱怨反咬一口的唯一办法，就是充分利用我们的常识，考虑我们行为的后果。

用良好的判断力,即使一个普通简单的抱怨也会使我们自食恶果。当然,通常等我们发现这些时已经晚了。

让-克劳德·贝克是纽约市高级餐厅——约瑟芬餐厅的老板,他在2001年的夏天收到了来自哥伦比亚大学的教授弗朗西斯·弗林的投诉信。弗林教授与他的妻子在约瑟芬餐厅庆祝完他们结婚一周年纪念日就病了。下面这段内容摘录自弗林教授的投诉信:

> 我现在写这封信给贝克先生您,是因为我前段时间在您餐厅里有一段很不愉快的经历。不久前,我和我的妻子要庆祝我们结婚一周年,为了这次的纪念日,我们计划到贵餐厅用餐。
>
> ……在进餐之后约四小时,我开始出现疾病征兆,傍晚时分更加严重。我一直恶心、呕吐、腹泻,腹部一直绞痛,这些无不指明了一件事:食物中毒。一想到在这浪漫的特别之夜,居然悲惨到以胎儿般的姿势蜷缩在浴室的瓷砖地板上呕吐不止,我就抑制不住我的愤怒之情。
>
> ……我对这段痛苦的经历感到愤怒至极。虽然我不打算向商业改进局或者卫生署告发这件事,但是我希望贝克先生您能明白我都遭遇了什么样的痛苦,并期待着您能给我一个相应的回复。

贝克先生确实做出了相应的回应。他十分惊慌:食物中毒事件是可以毁掉一家餐厅的。于是他与店里的厨师当面对质,扔掉了大量食物,联系供应商,并立即给弗林教授寄了一封道歉信。不仅因为这是来自一位颇有声望的教授的投诉,也是因为这类投诉能给任何机构组织带来灾难性的后果。

毫无疑问,贝克先生还感受到了弗林教授可能采取法律行动的严重威胁。例如："虽然我不打算向商业改进局或者卫生署告发这件事，但是我希望贝克先生您能明白我都遭遇了什么样的痛苦，并期待着您能给我一个相应的回复。"这句话传达出这样一个讯息："你最好能回应我的投诉，我已经将商业改进局及卫生署的电话号码设在了手机的快速拨号键上，而且我患有手指多动综合症啊。"

贝克先生知道情况的严重性，但他不知道的是，这种情况不仅仅发生在他的酒店。纽约市240家顶级餐馆都收到了弗林教授写的类似信件。而这位教授并没有在他们中的任何一家用过餐，也没有在他的纪念日那天以胎儿般的姿势蜷缩在浴室的瓷砖地板上呕吐不止。弗林教授根本就没有生过病。相反，他当时是在进行一项非常不明智的消费者行为研究，这项研究就是关于供应商对餐馆投诉的反应的。

餐馆的老板们相互交谈后，这个骗局很快便在媒体上曝光了。不幸的弗林教授被世界各地的报纸和网站争相报道和羞辱，哥伦比亚大学商学院也被外界指指点点。他们尝试了各种措施来控制损失，包括让那个教授以及商学院的院长立即给所有240家餐馆寄发道歉信。

不出所料，任凭怎么努力，弗林教授还是很快被几个餐馆联合起诉了，同时被起诉的还有哥伦比亚大学商学院。这个教授的研究受到了毁灭性的打击。我能想象他被起诉前一夜无眠，以胎儿般的姿势蜷缩在浴室的瓷砖地板上呕吐不止。

我们每个人都有自己独特的模式和喜好来选择自己的抱怨行为。有些人习惯在工作的时候向同事发泄抱怨，而在家里却很少这么做；其他一些人工作的时候有着圣人一般的耐心，但是对家里发生的再小的事情都哀怨连天。我们也往往拥有"抱怨好伙伴"——能倾听我们抱怨的目标人物。对这些伙伴的选择，通常是基于过去他们对我们的宣泄给予的情感认同。对他们来说，我们的抱怨甚至还可能是季节性的，冬季或夏季增加，又或在节日期间达到高峰。

我们的抱怨行为如潮起潮落，这些抱怨有时会由于各种原因而导致意想不到的后果，我们却对此视而不见。很少有研究来考量我们个人的抱怨行为或群体抱怨行为背后所潜藏的心理危险或情感危险，但是我们已发现有些事件的确带来了直接的不幸后果。最常见的危险并且时常给我们带来最糟糕的后果的一点就是：沉迷于抱怨之中。

别让抱怨塑造你的性格

来自密苏里大学的心理学家阿曼达·罗斯（Amanda Rose）同时对三年级、五年级、七年级和九年级的学生进行了超过六个月的跟踪研究。她想探究过分讨论怨气和烦恼对儿童或青少年的友谊以及他们的心理健康造成的影响。青少年和儿童经常花很多时间讨论同一个问题，并从每一个可能的角度思考问题。这些行为从早上开始，持续一整天，通过面对面的交流或电话、短信、社交网络和电子邮件等方式不断进行，直至夜幕降临。人们通常认为类似的友情对青少年和儿童的心理健康产生的影响是积极的，但是罗斯教授十分好奇：过分沉迷于抱怨是否会产生不利的影响。她把这种马拉松似的强烈抱怨行为称为"共同反刍"。

研究结果是相当严峻又令人惊讶的。在这六个月里，女孩们花过多的时间与朋友共同反刍能加深相互间的友谊（这是好的一方面），但是她们也因此而明显变得更抑郁、更焦虑（显然这是不好的一面）。有趣的是，同样的结论是不适用男孩的。与女孩相比，他们用来与朋友讨论怨气和烦恼的时间要少得多。和女孩们一样,男孩们与朋友的共同反刍随着时间的推移也会使他们的友谊升温,但是并不会加深他们的焦虑和抑郁程度。

过度地跟朋友发泄怨气,久而久之会使女孩情绪更加沮丧焦虑,这是为什么呢?研究人员推测,这是因为共同反刍行为涉及对怨气和烦恼细节的强烈关注,"它也可能使一些问题变得更加严重而难以解决。这样会引发女孩们对这些问题的更多担忧和关注。"

这种解释似乎完全合理,但我还有另一种解释方法。我相信共同反刍的行为能影响更本质的东西——即会影响我们对自己性格的塑造。投入大量的时间来讨论烦恼和怨气,女孩们会不自觉地用那些日积月累的大量不满情绪来定位她们的身份。换句话说,过度发泄怨气,会让不满情绪成为她们行动、思想和情感中不可或缺的一部分,她们潜移默化地定位了自己的社会角色和公众人格,并改变了自己的本质特性。

人们喜欢自我定位,在许多时候,我们就是通过自己的所作所为来体现自己的。我们可能喜欢把自己想象成艺术家,但是如果我们一个礼拜花 40 个小时在餐厅当服务员,而一年之中只能抽出一个或两个下午的时间来绘画,那我们是算不上画家的,只能是个服务员——这时,和办个人画展相比,我们肯定更倾向于在苹果蜂餐厅(全球知名的连锁西式餐厅)求得一个管理职位。当然,如果我们重新开始定期绘画,那就又是一个不同的故事了。

既然我们的主要活动在某种程度上决定了我们的身份,那如果我们每天所做的事情就只有抱怨,我们会因此而变成什么呢?

过度抱怨等于作茧自缚

根据一些心理学派的说法,决定我们身份的是我们所构架的故事和我们理解人生体验的表述方式。在表述当中，我们选择把自己置于哪个地位，在很大程度上取决于我们自己。试想，在一场可怕的火车相撞事故中，除了唯一的幸存者——他失去了一只手臂或一条腿，其他人都不幸身亡。那么这个幸存者的故事是一个有关奇迹般大难不死的好运气的故事，还是一个有关悲剧、残疾和损失的故事呢？有趣的是，这类可怕事故中的幸存者如何构架对此事件的叙述方式，会对他们的身体恢复和长期的精神健康产生重大影响。在遭遇过这类事故的人群里，有些人认为自己非常幸运，他们的恢复情况比那些自认为是不幸受害者的人要好得多。

在我们的故事中，我们给自己和别人定位的具体角色，促成了我们对自己身份的认同。如果过度抱怨，那么我们就会经常在自己所描述的故事里扮演受伤或无助的人物角色。我们越是让抱怨统领我们的生活，我们就越容易让自己扮演受害者的角色。而我们在这种角色中待得越久，它们就越容易变成我们个性的一部分。

这里要指明的是，抱怨应该有明确的剂量使用指导——当然这是针对青春期少女而言。过量的抱怨行为可以加深抑郁和焦虑的程度。所以，有必要劝告少女们要注意她们花在共同反刍行为上的时间。给抱怨行为设定一段具体时间（不要超过一小时），然后试着把注意力转向寻求解决问题的方法，可能这才是让女孩们真正受益的抱怨方法。

当然，青春期少女并不是唯一有过度抱怨倾向的群体。成年人也常处于过度抱怨的危险之中。对任何年龄段的人来说，限制抱怨的时间长度都是明智之举。我们的目标是：一方面在宣泄我们的情绪和确保宣泄后的心理安慰（得到听者情感上的认同）之间寻求一个平衡点；另一方面，能做出有针对性的直接努力，把抱怨抛诸脑后，直到我们能够采取富有成效的行动为止。当我们的不满之井深不可测时，我们应该齐心协力，避免坠入井中，溺水而亡。

然而，对于我们当中的一些人来说，这个建议来得太迟了，因为他们已经掉入了井里，并沉溺于不满情绪之中不能自拔。有些人长久以来都以抱怨为"食"，从而滋生了一种受害者的情绪，这种做法可能已经使我们走上了抱怨的不归路——我们也许得了慢性抱怨病了。当然，我们很难判断自己是否已经走得那么远了，因为习惯性抱怨者往往当局者迷，只有他们身边的旁观者才看得一清二楚。

你是怎么变成"可怜虫"的？

习惯性抱怨者并非天生如此，这都是后天养成的。有些人在年幼的时候，因为父母亲一次又一次地在他们的抱怨面前妥协，于是久而久之便认为"可怜可怜我吧"是一个值得坚持贯彻的方针政策。有些人是在成年后被艰苦的生活和不幸的境况塑造出了爱抱怨的性格。还有一些是在老年的时候经历了难以承受的痛苦、烦恼和损失，深受刺激而寄情于抱怨的。然而，不管是何时或者如何开始沉迷于抱怨，大多数当事人完全意识不到自己的沉迷。

当然，我们并不会在一夜之间就变成习惯性抱怨者。刚刚遭遇到真正令人痛心的事时，我们大概仅仅是想寻求他人的同情和怜惜罢了——我们也许是失去了父亲或者母亲，丢了工作或者是眼睁睁地看着自己的婚姻解体，也许是失去了一个升职的好机会，被最好的朋友背叛，或者在金融危机时拿不到退休金。所有这些事件都值得我们哀悼，都会令我们意志消沉，甚至精神抑郁。最终，它们都会随岁月慢慢消逝，只有在某些情况下，我们才会对经历的痛苦刻骨铭心。但我们却总是因我们的悲伤、我们的损失和我们的命运而抱怨，不愿意放弃从周围的人身上博取同情和支持的机会。

但是对某个关键性的时刻，我们必须保持警惕。它是一个转折点，朋友对我们的支持和同情会在转眼之间变为可怜，我们身边的人将从这一刻开始将我们视为受害者。

当发生这种过渡的时候，我们必须要洞察得到，这一点至关重要——因为我们必须拒绝他们的怜悯。我们必须把这种怜悯当作污染一样来抵制，从心理学上说，它确实是一种污染。除非我们真的从极端悲惨的事故中幸存下来，或者我们的确经历过了真实而可怕的苦难，否则接受别人的可怜并在这过程中怀有受害心理的做法，始终都是有百害而无一利的。沉迷于他人因怜悯而给予我们的特别关注、降低期望让我们获得的便利，还有其他与怜悯有关的收获之中，会使我们渐渐成为自己和他人眼中的真正受害者。

这种转变往往十分突然和微妙，以至于我们不能轻易意识到周围人态度的转化。但是无论如何，我们的身份在他们的眼里完成了质的转变。我们的朋友提到我们时不再会称呼凯文、宝拉或者凯尔，相反的，他们会将我们想成"那个可怜的凯文"、"经历过悲惨之事的宝拉"或者"让人难过的凯尔"。别人的怜悯，对我们的心理健康来说是剧毒。除非遭遇到真正悲惨的情况，否则随意接受别人的怜悯就是任由他们夺走我们的自尊并将其践踏于脚下。怜悯是纯粹的心灵毒药，而习惯性抱怨者就是以它维生的。

事实上，即使已经被身边的每个人当作了"移动的抱怨发射器"，习惯性抱怨者还是常常注意不到自己的抱怨是如何走向极端的。这是怎么发生的呢？答案是习惯性抱怨者对事物都有着与正常人截然不同的观点。在他们的眼中，自己根本不是在抱怨，而仅仅是指出了显而易见的事实：老板太苛刻了，或者上班的时间太漫长了，又或者热水龙头里出来的热水真的不够热，连杯茶都泡不了。当他们抱怨会议室的门吱吱作响，抱怨登不上新账户，或者抱怨圣诞节那天碰巧是星期日，他们以为自己讲出了每个人的心声。

习惯性抱怨者从来不会否定自己，他们只会否定世界，并且认为自己仅仅是对这个世界做出了适当的反应。正如习得性无助的情况一样，长期的抱怨扭曲了他们对世界的认识。一旦我们把自己当作受害者，我们的思维就会完成剩余的事情，自动寻找作为受害者的情感验证。任何时候，只要有迹象表明自己受到了错误或者不公平的待遇，无论多么微不足道，我们都会立即产生反应，认为它进一步证明了全世界都在与我们作对。另一方面，即使我们遇到了积极或令人鼓舞的情况，它也会因为与我们的受害者心态相矛盾而被迅速地（通常是无意识地）排斥和忽略掉。

关于习惯性抱怨者，有一个很有意思的问题——他们是因为不快乐而经常抱怨呢，还是因为经常抱怨所以才不快乐呢？心理学家阿曼达·罗斯认为这两者或多或少都兼而有之。她得出了一个结论：在十几岁的女孩中，精神抑郁和习惯性抱怨形成了一个恶性循环：女孩们越抑郁，就越抱怨；而她们越抱怨，也就会越抑郁和焦虑。而我相信，我们的抱怨和受害者情绪也是以相同的方式互相深化的。我们抱怨得越多，就越觉得自己受到了伤害；而越觉得自己受到伤害，我们就会越不满，进而就有了更多抱怨。

威尔·鲍温牧师和他领导的不抱怨运动深深地触动了他的会众和许多人的心弦，因为他让我们准确地认识到我们要为这种消极情绪的恶性循环付出的巨大代价。然而，他的解决方案——避免将我们的抱怨全部表达出来——实际上只是在用一个问题取代另一个问题。这种回避其实对心理、情感和身体都会产生消极的影响，前面一章所讨论的史蒂夫的冠状动脉病变的例子就证明了这一点。过度抱怨确实是个问题，但是完全抵制抱怨并在这个过程中变得更加不会表达情感，这种一刀切的做法并不可取。

对于过度抱怨者或习惯性抱怨者来说，唯一真正能解决问题的就是学习如何将我们的抱怨变为情感工具，以助于我们改善心态，提升总体幸福感。当然，这就意味着首先要能够识别出哪些抱怨是必要的，哪些是应该置之不理的。准确评估每一个抱怨的价值是关键性的一步，很多人都需要花更多的时间来考虑这一点，这也恰恰是大部分习惯性抱怨者一直在逃避的问题。

抱怨不当会如何影响你的家庭？

虽然习惯性抱怨者所遭受的大部分精神痛苦和折磨都来自自我强迫，但是他们很少独自承受这种痛苦。他们长年累月的消极情绪往往会对家庭的其他成员产生极其不利的影响。

汤米是贝尔的长子，在几天之前曾扬言要自杀，之后被转介到我这儿接受家庭治疗。由于汤米刚刚在精神科急症室度过了一个夜晚，我建议等他出院后再进行家庭治疗（作为对汤米的个体化治疗的补充）。当我在办公室接见贝尔一家时，前几日的戏剧性事件带给他们的惊吓仍然没有平息。

汤米是个又高又瘦的14岁男孩，一头长长的油性头发完全覆盖了他的前额，遮住了他的眼睛甚至是脸颊，以至于我很难描述他的面孔。我实在辨别不清他的长相，他好像还戴着格劳乔·马克斯眼镜，粘着假胡须呢。他的弟弟布莱德才7岁，是个很好动的孩子。

贝尔一家从走进我的办公室到"各就各位"就花了半分钟。贝尔夫妇把椅子让给两个孩子，两人一起坐在沙发上。布莱德选了一把椅子坐下，但是汤米却选择坐在沙发前的地板上，背对着他的父母。

就在这30秒的时间里，贝尔先生冒出了一连串的牢骚："汤米，不要坐在地板上。""布莱德，坐好。""汤米，难道你一定要背对着我坐吗？""布莱德，不要再动来动去。还有，别这么无精打采的！""汤米！坐在地板上是很不礼貌的。"他扫了一眼汤米，又对他的妻子叫道："为什么你就不能对他说些什么？怎么这种事老让我来说？"

我脑袋里的习惯性抱怨者探测器"叮"的一声响了，并亮起了"红色警报"。30秒内发了9次牢骚，看来贝尔先生是名副其实的习惯性抱怨者了。

贝尔先生简要地说明了他们的情况。汤米在这一学年初就开始出现一系列的问题。整个学期他的成绩都在退步，在家里也总是沉默寡言。汤米与贝尔先生之间的争吵越来越频繁，也越来越激烈。最终，某次争吵得不可开交的时候，汤米威胁说要跳窗自杀。贝尔先生被吓坏了，迅速通知了紧急服务中心。他这样做是完全正确的，因为没人敢在这种情况下冒险行事。汤米之后就被带进了急诊室并留院观察。尽管他第二天就出院了，但从那以后他再也不愿去学校了。

"跟汤米根本就无法沟通，"贝尔先生叹气说，"他甚至都不愿意正眼看我们。布莱德！不要再拨弄你的衬衫！"

贝尔先生皱着眉头再次转向汤米："他压根儿就不再听我们的话了。"贝尔先生又瞪了他的妻子一眼，"亲爱的！你也可以说些你知道的事情吧，扮黑脸的总是我。"

不等他妻子回答，他马上又转向我："可能他住院的时间太短了。看看他，他甚至不会……汤米，你上一次洗头是什么时候？"汤米向前倾了倾身体离开了沙发。

"你看看，"贝尔先生耸了耸肩，"他完全自我封闭了。"

我看了一眼汤米，在他眼里，贝尔先生喋喋不休的埋怨肯定远不如我感觉到的有意思。事实上，他威胁要自杀的行为是一种典型的求助方式。父亲不断的批评与控制使汤米感到透不过气。他已经 14 岁了，但是他的人生似乎完全没有自主权。那就是他选择坐在地板上的原因。他知道父亲肯定会对此喋喋不休，而这正是汤米想要证明给所有人看的：他甚至不能自由地选择自己"坐"的方式。

我得说服汤米的父母亲多给他一点自由空间，否则他还会威胁要自杀。进行过第一次自杀威胁的男孩采取行动的风险概率，比从没有过自杀威胁的男孩高出 30%。所以一旦他们有过自杀威胁，情况就非常严重。

我不知道汤米究竟会不会和我说话，但是我必须将他的想法带入到我们的谈话中，不管他是否愿意说出来。"你怎么看待这个问题呢，汤米？"我问道。汤米耸了耸肩，但什么都没说。他在过去一周里看过的心理健康专家大概比他能数出来的还多，目前确实也没有什么理由让他信任我。但是我并不在意，我不需要汤米的信任。

家庭治疗师往往更喜欢让年幼的孩子加入谈话——即使他们不是家庭问题的焦点，其原因之一是他们是重要的信息来源。如果你想要知道一个家庭里到底发生了什么事，一个七岁的孩子往往可以告诉你。所以我转向布莱德，问道："汤米怎么了，布莱德？"

"爸爸总是要管他的事情，所以他非常生气。"布莱德毫不犹豫地回答道。

"真的是那样的吗，汤米？"我轻轻地问道。汤米又耸了耸肩。

"汤米，那样很没有礼貌！"贝尔先生大声斥责道，"是不是真的，直接回答医生！"

"没关系，"我安抚贝尔先生，"我们来说说潇洒的耸肩吧。"

汤米的嘴唇抽动了一下。

"耸一次肩膀往往都代表肯定,"我解释道,"耸两次肩通常表示否定。你刚刚只耸了一次肩,对吧,汤米?"汤米还是耸了耸肩。布莱德咯咯笑了起来。

我又问了布莱德一些问题,对贝尔先生习惯性抱怨的情况有了更多的了解。很明显,如果要解决这个问题,我就必须对他们采取一种既直接坦白又不失尊重的方式。房间里的气氛很紧张,有必要让这一家人的心情放轻松些。时间在交谈中渐渐流逝,我觉得时机差不多了,便决定冒险一试:"贝尔先生,我注意到从你们刚进来到各自就座,您就发表了很多意见。"

他用防备的眼神看我:"有吗?我都没发现。我并没有抱怨那么多吧。"布莱德翻了翻眼睛。

"贝尔夫人,您觉得呢?"我微笑着问道。

"哦,亲爱的,你一直都在抱怨啊!"她对她的丈夫说。我看了一眼布莱德,他也点了点头。我又低头看汤米,他依然是耸耸肩。

"贝尔夫人,您会像您的丈夫那样经常对孩子发牢骚吗?"

"我从来不对他们发牢骚的。"她为自己辩护道。

"哦,也许这就是您的丈夫会有这么多抱怨的原因吧,"我装作恍然大悟的样子,"就是因为您从来不批评他们,才使他觉得有必要连您的那份也一起做了。"

"正是这样!"贝尔先生赞同道,贝尔夫人无言以对。

"我想这就是问题的所在了,"我用更严肃的语气对他们说,"如果你把太多的水倒入一个玻璃杯里,那会发生什么事呢,布莱德?"

"会溢出来的。"他的回答在我意料之中。

"完全正确。"我说,"我们就是那个杯子,而抱怨就是水。在水溢出来之前，我们也只有这么多的空间来装它。最令人难以捉摸的是，我们每个人的杯子容量不尽相同，所以抱怨的人很难看出别人的杯子是否已经装得太满了。"

我看着贝尔先生，继续说道："汤米的杯子目前已经满了。他已经容不下更多的抱怨了。但是您又很难从他的脸上发现这一点。"

我低头看了汤米一眼，他正在认真地听我说："也许是因为他头发太长了我们才看不出来。"我对汤米快速眨了下眼睛。

我把目光转向贝尔先生："已经到达底线了，您的抱怨应该到此为止。抱怨使我们只把注意力放在了生活中的一切不足之上，导致我们错过了那些已经拥有的美好事物。您必须尽量减少对您儿子的批评，得少发点牢骚才好啊。"

我接着转向贝尔夫人："但是，如果您不能为您的丈夫分担一些为人父母的责任，那他就做不到这一点了。只有您开始分担了，他才会停止抱怨。"

然后，我对他们夫妻俩说："除非你们能找到一种更积极地与你们的儿子沟通的方式，否则汤米的杯子还会是满的，而且布莱德的杯子也将很快溢出来。你们都曾受到惊吓，但是作为一家人，你们又被赋予了另一种机会，一种大家齐心协力的机会，这种机会可以改变你们彼此相处的方式。我觉得你们应该张开双臂拥抱这样的机会，你们四个都应该这样。今天应该成为你们新的开端。"

贝尔夫人用力点了点头。布莱德目瞪口呆地坐着，完全僵住了。汤米居然将头发拨开，抬头看着我。我真想拍着椅子上的扶手大叫："警报解除！"

贝尔先生对我的中心观点不以为然："他拒绝去上学呀，我就不该说点什么吗？"

我看了看贝尔夫人，她充满期待地回看着我，等我解答她丈夫的问题。

"您忘记您的角色了。"我对她说，她一脸的疑惑，"贝尔夫人，您应该要承担起这个责任的，记住了吗？您应该说：'亲爱的，如果汤米不去学校，你不需要说他，因为我会说的。'"

"是的，没错。"贝尔夫人点了点头，"我只是还不知道我们已经开始了。"她解释说。

"那么我们从现在开始吧，"我答道，"我们来玩个游戏吧。"贝尔夫人慢慢地点点头。贝尔先生也点点头，布莱德也一样。只有汤米耸了耸肩。

"很好，"我说，"现在你们该做家庭作业了。"我伸手打开抽屉，拿出一副扑克牌。

"当然，这是全家人的家庭作业。"我解释道。我没有理会贝尔一家人疑惑的眼神，抽出12张带人物的扑克牌：4张K、4张J和4张Q，然后把它们递给贝尔先生。

"贝尔先生，您一天可以抱怨12次。抱怨一次就用掉您的一张牌。您只有先把一张牌交给对方后，才可以开始抱怨。K是给汤米的，J是给布莱德的，Q是给您妻子的。扑克牌一旦用完，您就不能再抱怨了。在一天结束后，所有的扑克牌都要交还给您，第二天再重新开始使用。"

我解释道："扑克牌是不可以转让的，您不能给汤米5张牌，给布莱德3张牌。每个人最多4张。"接着我递给他另外一张空白的卡片，"记录下您每天用光一个人的扑克牌各是在什么时候。就让我们跟随着学习曲线，看看您能否与时间做斗争，最后能否做到在一天结束后手中还剩有扑克牌。"

我环视了下每个人，问道："现在大家都清楚这个家庭作业的内容了吗？"

贝尔全家人都略带困惑地盯着我，除了布莱德。他高兴地扭动着身子，对这个新的家庭游戏充满期待。的确，扑克牌本身就是游戏。我希望贝尔一家人能乐在其中，单纯地对待彼此，并驱散习惯性抱怨在他们的生活和家庭关系上造成的乌云。

当然，这个扑克游戏也只是个开端。随着进一步的治疗，贝尔先生还需要学习有效地抱怨，包括分辨哪些抱怨是应该表达出来的，哪些又是不值一提的。我现在还不清楚贝尔先生的习惯性抱怨是怎么开始的。但是学习有效地处理抱怨，能够帮助贝尔先生树立起一种胜任感和权力感，进而有助于消除他心中经久不消的习惯性受害感，不论这种受害感的起因是什么。

普遍存在的虚假投诉者

贝尔先生就是一个典型的习惯性抱怨者，他从未意识到自己的抱怨已经过分到了什么程度，给他身边的人带来了多大影响。然而，还有一些习惯性抱怨者虽然意识到了自己过度抱怨的倾向，却还乐此不疲。对他们而言，抱怨只不过是一种达到目的的欺骗性手段罢了。

他们买下力所不能及的衣服，并穿着它出席某种特殊的场合，接着捏造出一个不实的投诉，这样他们第二天就可以拿着衣服去退货了（这种行为被称为"反购物"或者"零售借用"）。他们还从折扣卖场买来商品，再全额退货给专卖店，将其中的差价占为己有。他们一门心思地做好时刻投诉的准备，瞄准那些打着"包您满意，否则退款"广告的餐馆和酒店。他们的阴谋诡计总是没完没了，而且有时做得相当老练。而这些行为会给别人的生意和其他消费者造成怎样的影响，他们通常都不予考虑。

那么，这些人是谁呢？许多商人想当然地认为这种"离谱的消费者"只是极少数，因此基于某种商业的角度，他们对此并不予以理会。但是，他们这样的假定是正确的吗？这种欺骗性的投诉行为到底有多普遍？毕竟这样行为近于犯罪，如果不对其加以限制的话。

显然，这样的事情并非像许多人以为的那样罕见。2005年，研究人员凯特·雷诺兹（Kate Reynolds）和利奥伊德·哈里斯（Lloyd Harris）仅通过简单询问，就从九座不同城市的大型购物中心里找到了一百多名虚假投诉者。正如前文所述，这一百多名被调查的人都很乐意承认自己对消费投诉撒过谎——这些仅仅是"承认"了自己有过不合理投诉行为的人数。我们有理由相信，还有一部分人参与过这样的欺诈，却没有对研究人员说出实情。

无论事实如何，研究人员都要求那些承认自己虚假抱怨行为的人完整地讲述事件的经过，详细说明他们做出这种行为的动机。

该项研究中最引人瞩目的成果之一，就是发现许多虚假投诉者并非真是冲着钱去的。他们完全能够支付那些被他们退掉的商品或者服务。他们全身心地投入这种欺诈性退货游戏中，仅仅是因为想这么做。尽管他们当中的绝大多数人从未想过去偷东西或者骗取别人的退款差价，但是他们会为自己不合理的投诉行为辩解，说这是一场与大企业"斗心眼"的游戏，因此他们将这种行为视为"打破常规"。换句话说，他们认为自己的所作所为根本无伤大雅。

该项研究当中还有另外一个迹象——那些被调查者并未因为自己的行为而自责或者受到伦理上的困扰，他们把自己的不合理投诉当作一种"提神饮料"，一种"心情调节剂"，这样他们就不会感觉不安。此外还令人吃惊的是，研究人员调查的并不是精神病患者或者反社会俱乐部的成员。实际上，他们的调查目标全是普通人——那些购物中心里的消费者。

然而，研究中的一些被调查者承认，有时这种行为也令他们战战兢兢。因为这些人已经意识到他们的行为对相关的销售和服务人员会带来怎样的影响，这种不合理投诉是一种恃强凌弱和不断骚扰。那些人编造失实的投诉理由，有时甚至针对销售和服务人员提出苛刻的个人投诉，而从中获取退款、利润以及免费服务的产品。他们当中的一些人承认那些指控完全是莫须有的，即使他们明明知道这么做会危及那些服务人员的工作和生活，但还是会这样行动。这些被调查者是这么表述他们的观点的：

"我喜欢走进商店，仅仅为了想投诉而投诉……我不觉得一个人能造成多大的灾难啊。"

"我认为那些售货员就该好好履行他们的工作职责。"

"当你某天晚上跟男孩子们出去的时候，制造点虚假的投诉去调戏那些服务生，会是个很好的笑料，这才是好玩的夜晚嘛。"

事实上，这样的"笑料"可能会导致一些人失业，会给那些职员的生活带来极大的影响，并且导致他们在情感和经济上出现困难，而这些不法投诉者们根本没放在心上。他们的行为是名副其实的恃强凌弱，因为在这样的争执中，那些销售和服务人员处于非常不利的地位。他们所谓的取悦顾客的职责严格地阻止了他们以同样的方式回敬这种虚假指控。

许多不法投诉者承认，这样的行为已经形成了一种习惯，这使得研究人员意识到不法抱怨也许比一般所想的还要来得普遍。研究人员总结："欺骗性投诉行为具有广泛性和普遍性，这意味着一些机构或许已经为了某些虚假的问题或错误付出了巨大的经济成本，而事实上他们根本就不需要承担这些责任。"

研究中的被调查者愿意承认他们的恶意消费行为，是因为研究人员并没有要求他们提供真实姓名。很明显，大多数的不法投诉者并没有到处宣传他们的欺骗行为以及他们对服务工作人员和其他人的苛待行为。因此，很有可能虚假投诉者实际人数会更多。

即使有些消费者为自己的不合理投诉付出了代价，但这种行为实际上还是得到了默许，甚至是纵容，尤其是在美国，否则我们又能如何解释一些欺骗性投诉者以狂妄的自信进行欺骗和偷窃，并且还出版了有关他们反社会消费行为的书呢？这种"编年史"的书有很多，全部都是讲述如何骗取数不胜数的昂贵物品、超级橄榄球赛的门票、头等舱的机票、五星级酒店的折扣优惠甚至是数千美元的现金。这些作者非常自豪地记录下了他们诚信的缺失以及应负的民事责任。有的甚至还致力于吹嘘自己如何靠恬不知耻的本领谋生，销售"教人欺诈"的大部头给那些懵懂的社会寄生虫，使得他们也变成对社会毫无贡献的群体。

习惯性抱怨者和那些欺诈性人群的行为表明，过分抱怨对个人本身和他们的家庭，以及对整个社会群体会产生多大的危害。然而，抱怨得不够在有些情况下跟过分抱怨一样，也是个问题，同样是非常危险的。

讳疾忌医？你需要抱怨出来！

事实上，选择不倾诉对我们的心理健康是极其有害的。在某些极端情况下，它甚至可能危及我们的生命。我们应该向医生坦白倾诉，却通常做不到毫无顾虑地表达。

很少有职业拥有像医生这样的权威性和与生俱来的崇高性。在美国，医生通常被认为是专家，我们这些没有足够知识和领悟能力的广大市民是不能挑战他们的观点的。尽管一些特殊的网站致力于教育公众，为大家提供信息，但是没有几个人能够轻松自在地质疑我们医生的决策。

在某些文化中，质疑医生的权威性和判断力的言行完全不被接受。在崇尚权威的文化环境里，或是在发展中国家及医疗资源匮乏的农村地区，抱怨现有的医疗服务人员，是一种粗鲁无礼且忘恩负义的行为。同样的，在经济不发达的城镇和街区，当我们医疗救治的选择极其有限时，我们也许同样会犹豫是否要去质疑那能给我们提供治疗的唯一一位医生。

然而，就倾诉而言，在美国这里也只能算是勉强好点。我们也有许多人对自己的治疗方案有很多抱怨或者不满，却都不敢对我们的医疗提供者表达出来。不过，越来越多的人要求参与自己身体保健的决策，情况的确有所变化。但是对于在自己的身体保健中拥有更多发言权的要求，大多数人还是犹豫着不敢提出来。当然，有很多医生对这种与患者共同合作的主张不屑一顾，不愿将我们看作对话的伙伴。很多人都经历过这种情况：医生开出了一个他们认为很重要的程序或者检查，而患者却认为那根本没有必要。却很少有人会在这种情况下畅所欲言，更少人能够坚决地贯彻自己的想法。

有些抱怨是绝大多数患者共有的，只是很少有人表达出来。对医生的临床态度或者等候约诊的时间方面的不满非常普遍，但是我们很少把这些抱怨表达出来，至少在面对那些实际上可以做出改变的人时如此（在第八章我们会将论述抱怨作为一种社会运动的特点，到时会进一步讨论在医生办公室外等候治疗的问题）。

除了单纯的不方便，对医生的倾诉不足会对儿童的健康问题产生非常不利的影响。孩子们是无法为自己发言的。除非我们对儿童的健康保持一种警惕和积极主动的态度，否则就可能导致严重的情况。虽然在儿童身体健康的问题上，大部分的父母都做得很好，但是在儿童的心理健康上却往往是另一回事。

让人遗憾的是，在任何一种文化中，心理障碍仍然被视为不光彩的现象，在我们的文化中亦是如此。我目睹过很多家长忽视了孩子的心理和情感问题，即使这些问题很严峻，即使那些孩子因此深受折磨。在许多情况下，家长们根本不知道孩子的不正常行为。有时这些问题尤为突出。老师和一些家长都感到有什么地方不对劲，甚至一些家长听到了某些警告，但他们仍然觉得太焦虑或丢脸而不愿深究。

因此，只有当孩子的情况已经恶化到实在不容忽视的程度时，一些家长才会开始为孩子的心理问题寻求治疗。这种情况产生的悲剧是，如果孩子一开始就能接受正确的治疗，许多心理问题就能够得到彻底补救。如果家长们感觉到了孩子心理上的一些问题，却不告诉他们的儿科医生、学校或医疗提供者，那会让这个孩子遭受无法形容且不必要的精神痛苦。

五岁的希娜就是个很能说明问题的例子。

希娜和她的父母是被希娜母亲的心理咨询师转介到我这儿来接受家庭治疗的。咨询师在听希娜的母亲叙述了她在家和学校的行为问题之后，意识到了问题的严重性。希娜的母亲在电话中说希娜是一个讨人喜欢但又十分顽皮的小女孩，而在对着大人的时候又表现得十分腼腆和畏缩。当我问及她与同龄人的关系时，她的妈妈承认，希娜"没有几个朋友或者玩伴"。

她又补充道："当她两岁的时候我们曾带她去接受过评估测试，所以我们知道她并不是自闭或是其他什么的。"

当我询问是什么促使他们带希娜去参加那次评估测试时，她的母亲说她一直都觉得希娜身上有不对劲的地方，但不愿意告诉他们的医生。在希娜的健康检查中，儿科医生都没有发现任何不妥，而希娜的妈妈也不想去"质疑医生的判断"。她的一位世交，正好是一所学校的心理咨询教师，在希娜两岁的时候为她做了一个简短的非正式评估，并得出结论：希娜"似乎并没有自闭症"。这足以使她的母亲安下心来了。尽管希娜的行为一直在恶化，但这个问题一直没有被再次提出来。

我就在那个礼拜会见了希娜一家人。第一眼看到希娜的时候，我就明显发觉她有点不对劲。她是一个很可爱的小女孩，但是她的牙齿歪歪扭扭很不整齐，而且她患有深度近视（她的眼镜镜片很厚）。希娜在语言表达上也明显迟钝，她讲话的内容和方式更像三岁的小孩子，而非五岁。而她的父母不愿承认的最大秘密是：事实上希娜还离不开尿布。不论是在电话中还是在我办公室的谈话中，他们从来没有提及希娜缺乏如厕训练这件事。希娜的裤子只能勉强地遮住她的尿布。那些尿布在我看来非常明显，对她班上的其他孩子来说肯定也是如此。

他们来找我的最初原因是希娜的行为问题，她的行为问题也是不同寻常的。她看似与有些孩子一样，在遵从指示和回应她父母或者我的要求方面并没有困难。但几分钟后，希娜就爬上了她父亲的大腿，坐在那里玩自己的衣服。这时她父亲的手机响了，他为了能拿出上衣口袋里的手机稍微转动了下身体，希娜的脸立刻扭作一团，充满了沮丧和烦躁。她扭动着，直接一拳（很用力）打在她父亲的脸上。

我对这种突然的行为感到十分震惊和担忧。希娜的父亲惊呼了一声"啊"，很快把希娜放到一旁，同时摸摸自己的鼻子。希娜似乎并不因她的行为感到惊慌或者后悔。她的父亲懊恼地瞥了她一下。"她很讨厌那个铃声。"他解释道。希娜的母亲继续说着话，好像刚刚什么事也没发生过一样。

在某种程度上，他们否认问题的行为非常奇妙，因为除了当局者之外，这问题对每个旁观者来说都是极其显而易见的（这就像习惯性抱怨者不承认他们过分抱怨一样）。

我不是儿童测试或发展评估方面的专家，但是在我看来有一点十分明显：希娜需要一次彻底的学习测试和全面的心理评估。当我提出这个建议时，希娜的父母似乎都很困惑，不明白为什么这个过程必不可少。毕竟希娜在两岁的时候就进行过评估测试了，而且已经被认为"警报解除"了。

我让希娜和她的保姆一起待在等候室里，这样我才能对她的父母解释清楚我对她在语言表达、如厕训练和控制冲动这些方面的担忧。不幸的是，这种做法很少能得到那些极力否认孩子问题的父母的赞同。否认是一种强有力的心理防线，而且即使在最好的时机也非常不容易被刺穿。我想，也许我不得不直言不讳了。

等到和这对夫妇独处时，我坦率地告诉他们，我相信希娜是一个讨人喜欢的小女孩，但是我怀疑她当前还有一个更大的问题尚未被诊断出来。我补充说我特别担心她控制冲动的能力。他的父亲立刻变得十分防备。"希娜不是一个犯人！"他气急败坏地说，"她在'控制冲动'方面没有问题，她只是觉得不顺心罢了！"

"所有的五岁小孩都有觉得不顺心的时候，"我解释说，"但是他们通常不会在爸爸接手机的时候去打爸爸的脸，不管他们多么讨厌那个手机铃声。"我接着论述了早期诊断的好处，比如它们的学习工具能让希娜学会控制脾气，帮助她改善自己的行为表现，并且发掘出她的最大潜力。她的母亲态度有点软化了，但是她的父亲对此仍然坚决反对。

多年来，我碰到过几个家庭，他们的小孩明显有特殊问题却得不到诊断和治疗，只因为他们的父母不愿意向心理健康专家甚至普通健康专业人员倾诉。一些家长希望时间能治愈他们孩子的问题（尽管他们有明显的学习或发展缺陷）。其他的家长则不愿意正式的评估给孩子贴上标签或打上某种烙印。家长们有时会放任自己的羞耻感并让否认占上风，这就使得孩子无法得到必要的帮助。

就心理健康而言，是否会蒙受耻辱或者被贴上某种标签，只是导致抱怨不足的一个因素。更大的问题是，对心理治疗的过程本身和本应该采取的不同治疗方法,我们缺乏普遍的认识和了解。尽管我们身边有许多治疗师,也能接触到许多心理疗法,但是当我们第一次去看心理医生时,很少有人知道会发生些什么。

别怕抱怨你的心理治疗师

我们通常将心理治疗世界想象成一个能使我们感到轻松自在的地方,在那里我们可以自由地表达情感、思想,并能尽情控诉。然而,当治疗师的所言所行激起我们不满时,我们中很少有人会觉得舒坦或者能够无拘无束地表达自己对他们的不满。

在 1999 年的一项研究中,来自加拿大渥太华大学的约翰·亨斯利(John Hunsley)教授对那些刚刚从大学心理咨询中心结束心理治疗的大学生进行了调查,让他们说说自己停止治疗的原因。只有少数患者表示,终止治疗是因为他们已经实现了自己的目标(鉴于这是一个大学开办的咨询机构,个人的经济状况不予考虑)。相反,更多患者表示,放弃心理治疗是因为它根本无效(34%),或者是因为他们对治疗师的能力没有信心(30%),又或者因为他们觉得这种治疗会使情况变得更糟糕(9%)。

然而其中隐藏着一个棘手的问题,即:当研究人员问治疗师那些对服务不满意而放弃治疗的患者所占的比重是多少时,治疗师们众口一词——百分之零!换言之,那些治疗师们认为,没有一次治疗的终止与他们自身的表现、技能或者性格有关。而事实上,因为这些原因而放弃治疗的患者占了很大的比例。的确,就像亨斯利的研究所表现出来的,当患者与他们的治疗师之间出现问题时,即使患者大失所望,他们也不会抱怨。相反,他们会在实现其治疗目标之前放弃治疗,而且往往不打算再寻找另一位治疗师继续治疗。因为他们已经有很好的理由说服自己放弃治疗了。

当我们对一位医生或者医疗行为提供者感到不满时，一通简单的电话和出院手续单就可以转移我们的医疗记录，而且新的医生会在之后几天内加快了解我们病情的最新情况。然而，相较于以往的治疗记录或谈话笔记中所能传达出来的信息，过去的治疗师对我们的了解要深入得多。对于大多数人而言，重新找一个对我们的生活细节毫无所知的新治疗师，无异于重新开始整个治疗过程。因而即使我们的治疗师曾经有过一次明显的"服务失败"，我们大多数人也极不愿意更换治疗师。

几乎在对每一个心理治疗效果的研究过程中，都可以看到问题正在进一步复杂化，其中至关紧要的一个"活性成分"就是治疗师和来访者之间关系的好坏。正是这种关系的性质，在很大程度上决定了治疗的有效性。其他的变量，诸如治疗师日积月累的经验、他们的理论取向、他们的年龄或者性别等等，对治疗效果的影响相比较来说，则显得没有那么重要。

当然，这条规则也有例外的时候，例如，当涉及某些具体的症状时——如恐慌症，无论是谁医治，治疗方案通常都能奏效。但是就总体而言，来访者和治疗师之间的关系（通常被称为"工作同盟"关系）是至关重要的。对于大多数来访者来说，对治疗师表示不满是一件使人非常不舒服的事情，而且这么做会破坏心理治疗的有效性。

另一种"恐惧因素"是，治疗师是一个知道我们所有的弱点，而我们却对他一无所知的人。诚然，对待抱怨，治疗师们理应以一种任何商家都该具备的态度做出回应：感谢来访者愿意向其袒露心声。这样就可以解决来访者的顾虑，修补工作同盟关系中所有的大裂缝。当我们向治疗师发泄不满情绪时，会自然而然地期望他们能冷静而且友好地对待我们，而不是恼怒或者极不耐烦。可惜情况并非总是如此。

一个更根本的问题是，我们往往不知道如何确定实践中的"可接受"标准。心理治疗，根据其定义，都有一个共同点——两个人之间的交谈（家庭或团体治疗时参与的人数会多一些）。除此之外，它也是一种不拘一格的综合性体验，心理治疗的形式是多样的，而且治疗师们开展治疗的方式天差地别，一个非专业人士往往搞不清在治疗过程中，治疗师的所言所行是否符合专业标准。

许多年前，一个常青藤盟校毕业的熟人打电话给我，就她的男性治疗师向她推荐的方法征询我的意见。他们一直在研究有关性特征和性抑制方面的问题，她的治疗师建议她在治疗期间裸体，这样问题能更快地得以解决。问题是，这名年轻女子打电话，并不是问我如何向美国心理学协会告发她的治疗师违反职业道德操守，而是问我是否也认为裸体能帮助她更迅速地解决自身问题。我告诉她别再去看那个治疗师了，并向纽约州行医资格处揭发了那个浑蛋。

当来访者想要投诉他们的治疗师时，还会遇到另一个障碍：很多治疗师都受过应对来访者不满情绪或抱怨的训练，因为这些都是治疗过程中本就存在的阻力。病人的抱怨被单纯地视为"移情"，是来访者本身的心理问题在治疗师身上的一种投射。鉴于这些假设，一些治疗师认识不到来访者对他们或者对治疗潜在的抱怨的表面意义。他们将来访者的抱怨假定为"未解决的历史性冲突"的典型表现，坚决地引导来访者经历一次新奇却又完全没必要的探索。治疗师们应该意识到，有时抱怨仅仅只是抱怨而已，别无其他。

当然，在大众文化视角下，心理学家和精神科医生的陈述对闭门治疗中应该做些什么和不应该做些什么没有任何帮助。一小时又一小时，我们通常被当作情绪极其不稳定的自恋狂人，如同弗雷泽或像汉尼拔·莱克特教授一样的连环杀手。《黑道家族》和

《扪心问诊》的确给了一些让我们对治疗过程不太反感的描写。但是，影视剧总是不肯简单地让治疗师做好他们的本职工作，《黑道家族》中的治疗师表现出了令人恐怖的暴力倾向，而《扪心问诊》中加布里埃尔·伯恩饰演的角色则是个神经官能紊乱者，他只能娱乐观众，而不能帮助这个行业得到严肃的对待。

最重要的是，如果我们在治疗过程中有任何抱怨，感到有什么地方不对劲了，或者在治疗过程中感到受挫或者停滞不前了，我们应该始终勇敢面对，并主动对我们的治疗师提出那些问题。心理健康太重要了，我们不能逃避讨论身边可能出现的任何关注点。大多数治疗师们应该都能够处理好我们的抱怨和奇思异想，因为抱怨能引发讨论，而通过讨论，治疗方式能得到新的探索。

抱怨是把双刃剑

我们的抱怨可以变成集实用性、情感性和心理性为一体的工具，这样我们就能利用抱怨来改善我们的生活，让我们受益良多。抱怨可以帮助我们得到重要问题上的解决方案；可以改善我们的心情、培养我们的自尊心并建立我们的生活观；可以更好地促进我们的人际关系。

但是，正如很多锋利的工具一样，抱怨如果使用不当就会变成一把双刃剑。当我们对某些事情抱怨过多，或者在某些情况下我们抱怨太少时，我们最终得到的只会是更多伤痕和缺口，而不是什么好处。有些接踵而至的伤害甚至影响深远。

只要我们能警觉到抱怨的危险，同时明白可以通过有效的抱怨，从心理、情感、人际关系和社会等众多方面获利，我们就能最终学会运用这个重要的工具，利用有效的抱怨技巧从生活中获益更多。

第五章
一份美味抱怨的成分表

The Ingredients for Serving a Delicious Squeak

我认为赞美应该总是说在合情合理的抱怨之前,因为它能纾缓愤怒,并且确保抱怨被温柔有礼地接受。

——马克·吐温

写信给公寓的管理公司投诉施工噪音之前的那天晚上，我患了严重的感冒，一宿没合眼，第二天雷鸣般的钻孔声又继续了一整天，使我不能入眠。我在痛苦达到了临界点的时候掀开被子，边干咳边打喷嚏地走向电脑，坐下来开始写我的投诉信。

持续不断的钻孔声已经使我变得异常烦躁，而新一轮的震动又开始了，键盘颤动起来，我的耐心在瞬间崩塌。在那一刻，我只想释放我的怨恨，用我能想到的最恶毒的语言，将一堆杀气腾腾的愤怒记录到信纸上装进信封。我已经在纽约生活和工作了长达 20 年，当碰到要用脏话的情况时，我当然能够运用自如。

然而，理智的声音在我的脑海里占了上风。我明白，如果我希望我的投诉能有任何成功的机会，就绝对不能用愤怒的语气写信。如果我不顾一切地发泄自己的情绪，只会适得其反，因为愤怒从来不会使投诉变得更为有效，相反，它往往会招致各种各样未知的阻力，从而使情况变得更加糟糕。

别让愤怒掌控你的抱怨

尽管在特定情况下，我们生气完全合理，并且是可以被接受的，但是就抱怨而言却并非如此。简单地说，一个被怒气冲昏头

愤怒从来不会使投诉变得更为有效，相反，它往往会招致各种各样未知的阻力，从而使情况变得更加糟糕。

脑的投诉不如头脑冷静的投诉来得有效，首要原因就是——愤怒会严重分散人们的注意力。当有人在一个拥挤的房间里气愤难平地提高分贝时，我们会本能地转向那个人，而这么做就会打断我们自己的谈话。愤怒就有那种力量，它会揪住我们的衣领，引起我们的注意，并且使我们一直关注它，即使它不是在针对我们。愤怒不仅仅吸引了我们的注意力，而且在投诉个案中，愤怒能使我们的注意力偏离投诉的内容，即我们希望能够解决的实际问题。

为了避免注意力远离投诉的核心，我们必须让自己的语气保持在一个标准上。愤怒、讽刺、辱骂或居高临下的优越感——无论是多么合情理——都会致使受理投诉者把注意力更多地放在我们所表现出来的憎恶上，而不是放在我们实际的申诉上。不管我们愤怒的理由看起来多么正当，也不论受理我们投诉的评估部门事实上错得多么离谱，愤怒的投诉总是很少能获得令人满意的解决。

让我们仔细想想弗林教授，他就是一个典型的例子，想想他在投诉信中使用的语气（参见第四章）。他把引人注目的重点放在了食物中毒如何使他感到愤怒上，并且再三提及他的情绪状态：

（1）"我前段时间在您餐厅里有很不愉快的经历。"
（2）"一想到在这浪漫的特别之夜……我就抑制不住我的愤怒之情。"（3）"尽管如此，我仍然十分生气，因为我才是病倒的那个人。"（4）"我感到很愤怒，所以觉得有必要给您写这封信。"（5）"极度恼怒是我现在的全部感受。"
（6）"我们将会带着怨恨永远记住这次的事。"（7）"我对这段痛苦的经历感到愤怒至极。"

这位教授对愤怒的过分强调在增加他投诉信的效力方面毫无帮助。尽管这些指控对餐馆的声誉极为不利，但是在收到他所虚构的愤怒情感的240家餐馆之中，只有60家愿意给予答复，3/4的餐馆根本就完全无视弗林教授几乎不加掩饰的威胁。

事实上，当我们的确感到愤怒时，与愤怒有关的问题就会变得更加严重。有效抱怨之所以是一个我们难以掌握的具有挑战性的技能，恰是因为我们的愤怒将我们囚禁于"生存困境"中。

具体来说，通常在我们的愤怒和挫败感到达顶峰之际，也就是我们抱怨的动机最强烈的时刻。因此，在感到怒火中烧而不得不猛烈抨击的时候，清晰的思路和理智就显得尤为重要。我们由此而面临着一次选择：我们要放纵自己的烦躁，为缓解压力而采取一个看起来不错的爆炸性发泄；还是努力使我们发热的头脑冷静下来，找到一个令人满意的解决方案？我们不可能做到两者兼顾。

虽然我一直偏爱后一选项，但是感冒的那天晚上，我的痛苦和敌对心态好像完全吞噬了我。我记得自己毫无头绪，甚至不知道有没有可能改变这种强大到能支配我言行的情绪，我完全靠意志力使自己从愤怒和烦躁不安转向冷静和沉着。那天晚上，伴随着外面肆虐的钻孔声萌生的，便是我的生存困境：我怎么能抑制内心狂暴的情绪呢？

当时我差点被我的愤怒征服，不过话说回来，我的博士论文其实就是有关如何调节人类情绪这一主题的。因此，即使受着上呼吸道感染的痛苦折磨，我也知道肯定有某种心理技巧可以帮助我缓解烦躁不安的情绪。但是，任何这样的方法都需要大量的努力，调动自己的意志力和强大的精神动力。如果我们想要整理我们全部的心理资源，以发挥出情绪调节技巧的最大功效，那么我们首先需要对我们的情感究竟是何物有一个清醒的认识。

理智与情感

想象一下我们横穿街道时,一辆卡车以每小时 80 公里的速度冲我们开来。我们根本没有时间害怕,就本能地从路上一跃而起,被吓得心都要跳到嗓子眼了。无论我们有什么样的思想、观念或者信仰,在那个时刻都变得无关紧要了。我们只能靠及时激发出来的情感和本能反应来拯救自己的生命。如果听凭思想和意识支配我们的行动,我们便会在看到卡车时想:"天哪!那辆卡车在学校里时速都飙到了 80 公里!为什么我没有……"而这么想的时候,我们早就被碾平在柏油路上了,就像星期天百吉饼的奶油芝士一样。

虽然我们的大脑能同时处理情绪和思想,但这两者根本不对等。我们大脑中传递情感反应的路径更为古老(从进化的方面说),而且运转速度比相对较新的抽象思维、认知和逻辑的途径更快。因此仅通过意志力来控制自己的情绪,是一种高尚但具有挑战性的追求。使这种做法成为可能的,是认识到我们通常的"感情用事"实际上是由几种不同成分组成的复杂体验。

让我们用一个例子来论证,就说航空旅行吧。经过了漫长的路途之后,我们匆匆忙忙赶到机场时,才发现我们的航班因为即将到来的雪灾被取消了。匆匆瞥了一眼机场的布告板,我们得知只有另一个航班会起飞,我们连同其他数十名愤怒的乘客冲向航空公司的服务台,只为从数量有限的空座中得到一个。让我们更加不顾一切地想要坐上最后一班航班的原因是,我们第二天要参加两个定期举行的家庭聚会。

在那一时刻,我们的情感体验中存在几个要素。首先,最明显的就是我们实际的"感觉",情感的主观经验。当想到有可能会错过家庭活动时,我们最有可能感到生气、沮丧、愤怒,或许还有一些内疚感。其次，由于情感体验总是伴随着生理反应，我们可能会心跳加速、血压升高，压力荷尔蒙有可能被释放到我们的血液中，我们皮肤上的电气化学传导性也可能已经改变了。

接着，我们又出现了情绪状态的行为表现：脸紧绷着，嗓门更大，我们的肘部更加突出，因为我们要在众多的不满乘客之中捍卫自己的一席之地。我们眼观八方，时刻准备着向任何试图插到我们前面的人提出抗议，我们也可能跺脚或者扼腕叹息，期望马上就能轮到自己。

最后，我们对于这次的情绪体验有了自己的想法和信念。我们可能会认为错过这次航班是一件很糟糕的事情，因为它意味着我们将错过女儿第二天下午的足球比赛。或者，我们可能意识到如果自己错过了第二个家庭义务——失业的表亲首次登台表演"保加利亚邮政工人的单人摇滚歌剧"——我们的父母和叔伯姑姨们将会多么恼怒。

我们在某种处境下的生理反应、行为反应以及内心的想法和信念就是我们情感体验的三个主要组成部分。问题是，在某个令人苦恼或沮丧的情况下，当需要冷静、理智地宣泄我们的抱怨时，如果我们想改变自己对它们的感觉，这三个部分哪个是最容易被控制的呢，哪种方法又会更有效呢？

像禅师一样调节情感

在我们情感体验的三个组成部分中，最难直接控制的显然是我们的生理反应。当然，我们可以尝试通过调节呼吸（吸气，二、三，呼气，二、三，等等……）来降低我们的心跳速度和血压，然而这样做对它们的影响可能微乎其微。对我们大多数人来说，真正控制自主神经系统是根本不可能的。也许，极少数少林和尚或瑜伽大师可以将血压值降低到符合自己要求的水平，但他们也不太可能心平气和地带着坏了的卡布奇诺咖啡壶，出现在万能卫浴寝具商城里。

要想控制我们的情感反应，或改变我们的思想信念，我们就必须管理自己的行为。就行为而言，我们都很擅长对外界隐藏自己内心的真实感受，因为这么做是文明社会生活中的一部分。如果我们花了好几周的时间准备好一份报告，而老板却在报告过程中对我们大吼大叫，我们试图掩饰的不但有尴尬，还有把笔记本朝老板当头摔过去的欲望。而当心仪的对象邀请我们参加浪漫的家常晚餐，哪怕味道像是屠夫大甩卖的雪貂肉一样难以下咽，我们也会同时将自己的惊愕和呕吐反应隐藏得好好的。

通过隐藏情感来控制情感的行为表现被称为"抑制"。让我们假设一下，作为滞留机场的乘客，当我们和航空公司职员只有一拳之隔时，我们知道愤怒和失望喷涌而出不可能让他们对我们产生好感，或使他们把我们的等候序号提前，因此，我们想要表现得尽量平静和尽可能地通情达理，这样我们才能在其他愤怒的乘客之中脱颖而出，才能从暂时具有无上权利的预定服务人员身上取得他们的一点善意和青睐。

然而，我们滞留机场时该怎么做才能抑制住自己的愤怒和失望呢？首先，我们或许应该避免老是想象这样生动的情景：女儿在足球比赛中射入一球获胜了，然后泪眼汪汪地望向看台，纳闷为什么我们不在场。接下来，我们可以尝试放慢语速（除非我们本来就是讲话缓慢的人）。一般语速较慢的话听起来不会那么怒气冲冲和过分激动。最后，当来到办理登机手续的工作人员身边时，我们可以试着装出一张笑脸，即使我们在桌子底下已经将登机取消牌揉成纸浆了。

在此情况下，我们仍然遭受着愤怒和沮丧的折磨，但是我们努力将这些情绪深埋于心底,而不是展现给处理我们投诉的人。

也许,能说明抑制的最好例子就是扑克牌游戏,因为玩扑克牌需要我们隐藏自己的情绪,不能喜怒形于色。保持一张"扑克脸"就意味着,当我们拿到一手好牌时,要隐瞒内心的兴奋,而当我们拿到一副烂牌时,也要隐藏好自己的失望。玩扑克牌的人需要摆出一副让其他玩家根本捉摸不透的表情。旁观扑克牌游戏,就是观看原始抑制的行为。

我们还可以用第二种方法来调节自己的情绪:改变对处境的看法,降低处境对我们情绪的影响。心理学家把这个过程称为"重新评估"或"重新建构"。当在脑海中重构一个情况时,通过与以往不同的角度来审视它,我们就能对它重新建构。

该怎么使这个方法适用于滞留机场的旅客呢?我们可以提醒自己,女儿每个周末都有足球比赛,以后还有很多机会去看她踢球。或者我们可以把注意力放在那个失业的表亲身上,他完全缺乏艺术天赋,是个五音不全的音乐盲,操着一口蹩脚的保加利亚口音。我们甚至可以仔细想想这样一个事实:这次的耽搁将使我们赶超工作进度,从而彻底空出我们的星期天。上述任何一种方法,实质上都是将航班取消重新建构成了一种幸事,而非灾难。这样做改变了我们对该事件的基本感受,缓和了我们的情感体验,让我们最终不觉得那么恼怒了。

重新建构,亲爱的,重新建构!

心理学家花了多年时间研究抑制和重新建构,发现它们的效果并不等同。研究结果证明重新建构在减少负面情绪方面远远优于抑制。虽然我们无法直接控制我们的生理反应,但是重新建构确实能在一定程度上降低我们的惊吓反应,减弱我们的荷尔蒙或内分泌反应，甚至减少我们的自主神经系统的反应（即使我们没有像少林寺和尚一样受过专门训练）。

抑制在其他方面的作用也不如重新建构。试图隐藏强烈的负面情绪实际上会对我们的记忆功能和其他认知功能造成重大打击。压抑自己的情绪是一个需要消耗能力来集中注意力的艰巨任务。扼杀我们的负面情绪也是有社会成本的。在一项实验中，与采用抑制方法的伙伴合作的人报告说，相较于与那些没这样做的人交流，与自我抑制者的交流令人感觉更加不舒服、不自在。

如果重新建构的优点显而易见，为什么还有那么多人更愿意使用抑制，而非重新建构来调节自己的情绪呢？难题之一是，我们每一个人内心的情感自动调温器所设置的基本标准各不相同，忍受挫折的能力也因人而异。一些人稍被触动，就会勃然大怒。另一些人即使被严重挑衅，依然能够保持长时间的冷静和镇定。

想象一下我们在高速公路上"欣赏"大塞车的景象，有些人会大声叫："噢！去你的！该死的！拜托！快点吧！"而另一些人可能会说："这交通啊……我想我终于有时间听完那本有声书了！"

我们冷静下来的速度同升温的速度一样重要。情感一旦被激活，一些人的自动调温器比其他人需要更长的时间才能冷却下来。有些人的怒气来得快去得也快，另一些则不是。冷静类型的人也不例外。一般情况下，一个人如果在六秒内可以从零点直接飙到沸点，那他在使用重新建构时会比那些升温慢的人更困难。

对这一切了如指掌后，那晚我写投诉信时便轻车熟路了。我个人一向是"慢热锅"，但是毕竟已经受了将近24个小时的煎熬了。我调节情绪的方法，就是将我即将下笔的投诉信重新建构成一种智力挑战，类似于某种难题。当然，我的投诉事实上也相当具有挑战，因为它成功的可能性极低（要知道，噪音并不是我公寓的物业公司的责任，并且他们已经拒绝了其他所有人的要求）。

是否我的投诉技巧已经高明到能实现别人完成不了的任务呢？这是一个悬而未决的问题。因此我希望，在我聚精会神地创作一封有效的投诉信时，能同时转移我投注在愤怒上的注意力，使我暴怒的神经系统冷静下来。

将投诉重新建构成一种挑战，或者评估我们技能的方式，这是一种可以安抚我们情感的技巧。最令你气愤的投诉也是一个检验自己的机会，有利于评估我们是否拥有足够的知识和资源，以令人满意的方式解决目前的问题。一旦我们的重点放在了使投诉更加行之有效上，情绪便会从先前令人分心的愤怒高峰开始慢慢消退，从而使我们能够更清晰、更富有成效地思考。

情绪调节的方法正如有效的抱怨技巧一样，是一种可以学习和提高的技能，不管我们的情感自动调温器设置标准是高还是低。

常识告诉我们，激励别人来帮助我们解决投诉的最好方式，就是尽可能地将我们的委屈调配得合他们的"胃口"。当涉及投诉时，愤怒绝对不合人口味。而消除愤怒只不过是使我们的投诉易于被投诉受理者接受的第一步而已。有了正确的技巧，我们还可以使大多数投诉变得"美味十足"。

把抱怨做成三明治

让我们现在从投诉受理者的角度来考虑问题。以我为例，这栋大楼的物业管理公司是一个由一群友好的工作人员组成的办公小组，而不是一个整体式的公司实体。接听来电的人是一个行政助理，他除了接听来自愤怒的房客打来的电话之外，可能还有其他各种各样的职责。现在，想象你自己就是那个行政助理。你已经顺利处理了无数个被彻底驳回的有关建筑噪音的投诉。你正试图回到正常工作当中去，这时，电话响了，又是一个愤怒的房客打来的，他一开口就说："我打电话是为了外面建筑噪音的事情。这真他妈的令人难以忍受！我觉得我为这个公寓付的租金太高了！你知道这些钻孔声每天多早就开始响吗？你知道吗？"

想想在你突破忍受底线挂断电话之前，你能迁就多少房客的聒噪和振振有词，跟电话那头说："我感到很抱歉，但是我们无能为力。"就我个人而言，当接到了一天内四个电话中的第三个时，我就会在对方投诉的时候打断他，或者不予理睬，只是在他发泄完后继续自己的工作。不管是哪种情况，我都会很快将其抛诸脑后。因此，我们在写投诉信时要做的第一件事（或我们口头交流要做的第一件事），就是说话一定要中听。

中听的话就像投诉三明治顶层的面包片，三明治中间那层"肉"是投诉本身，而最底层的面包就是"助消化剂"了。助消化剂就是在投诉的最后，以一个积极性的陈述收尾（正如中听的言语一样）。

让我们先从顶层的面包片说起吧。说话要中听，这点非常重要，因为我们在接到投诉时都会带点防备心理，就像我们感到自己受到攻击或批评时那样。大多数人只要一觉察到来自于同事、朋友或亲人的投诉，防御系统就会立即启动，收起自己的情绪吊桥，让护城河河水泛滥成灾，并释放出鳄鱼。或者用中世纪的话说，对承认错误或者承担任何事件的责任，我们天生就不那么积极。

所以，如果希望有所成效，那么我们必须缓和地开始投诉，不要引发投诉受理者的防备心理，使得我们在说出第一个字时就被断然拒绝。在这一点上，把握好语气和愤怒的度至关重要，但是这还远远不够。以中听的言语作为开场白，能使得投诉受理者更容易接受我们接下来要说的事情。想打开对方的耳朵听我们投诉，就将这一点牢记在心吧。

让我们来看看我写给物业公司的投诉信吧。以下是开头第一段：

> 在过去两年半的时间里我一直都住在这儿（自从这栋楼开放到现在），并非常喜欢在这里生活。我这次写信的原因，相信您也知道，是这栋楼南边的一块地正在施工（我住这儿的第一年，那还是一个出租车停车场）。在过去几周时间里，那里的噪音值急剧上升。尽管我们有双层玻璃窗（我非常感激这一点），但是对于阻隔钻机钻入混凝土之中的砰砰作响，锯子切割金属管的嗡嗡之音，以及从早上七点就开始持续整整一天的令人难以置信的各种噪音来说，玻璃窗发挥的作用非常有限。因为我白天都在家里写作（下午和晚上去我的办公室），噪音已经使得在家里做任何事都成了一种奢望，它使我很难集中注意力超过几秒钟，甚至连用手机正常通话都不行。

第一段的陈述——"非常喜欢在这里生活"——也许看上去过于简单了，但是这个非常重要。它开启了读者的耳朵，使他们愿意听后面的话。我不仅避免了将投诉本身作为开场白，而且（到目前为止）传达的只有一种情感，就是一种友好表达的感谢（即"我很喜欢在你们的大楼里生活"）。

接下来就是主要的"肉"层了，即实质的投诉部分：

> 我完全能明白，你们对这个建筑工程也无能为力，而且你们也没有义务为这些噪音和不便之处给予我们任何补偿。但是，作为一个有良好信誉的房东，我想请你们考虑将我的租金往下调整一些，以此来反映我现在所住公寓的

生活标准同以前的巨大差距（这同样完全不是你们的过错）。如若不是我发现这种情况极其令人沮丧，我是断然不会写这封信的，而且看上去，建筑工程没有多大进展，这种令人无法忍受的噪音还将要持续数月。

这里，整个投诉的语气使人听起来更像是一个请求，而不像是一个投诉或者要求。将这封信的语气和弗林教授的投诉信中的语气相比较，考虑到他的威胁和愤怒，我在投诉信中显然煞费苦心地表现出非敌对和令人愉快的一面。

三明治的最后一块面包片，即助消化剂，有两个目的：第一，它像是一勺糖，让抱怨受理者难以直接驳回我们的投诉，从而使药物（我们的投诉）能被顺利地吸收。第二，它提高了听众伸出援手的动机。我给物业公司的信是这样结尾的：

如果您能帮忙让我的租金与目前的实际生活质量相配，我将不胜感激。我会很乐意签署任何你们认为有必要的弃权声明书，因为我知道你们并没有义务采取任何行动，而且你们也不需要为噪音负责。但是，现在的情况已经变得如此糟糕，所以我觉得我不得不……

我希望能很快能收到您的回信，并对于您对我提议的考虑提前表示感谢。

这里的最后一句（"并对于您对我提议的考虑提前表示感谢"）几乎是一个单纯的表示礼貌和文明的标准结束语，没有任何"助消化功能"。真正的助消化剂是它前面的句子："但是，现在的情况已经变得如此糟糕，所以我觉得我不得不……"这句话表明了我的期望并不过分，而且我随时准备对他们的行动表示感谢。换言之，我在使物业公司的人尽可能乐意为我提供帮助，并"消化"我的投诉。从他们的角度来看，我这样做既不会让他们对任何要求都做出妥协，也不代表他们需要承担责任或承认过失。此外，他们几乎得到一种保证：他们给予的减租优惠将会受到感激和赞赏。

投诉三明治是一个简单的公式（尽管是一个需要动些脑筋的公式），它使得投诉更有可能得到积极的回应。投诉三明治对消费者投诉来说是必需品，而我们向家人、朋友或同事抱怨时，它同样有效，甚至更必不可少。

哪怕有一天我们成了制作投诉三明治的首席大厨，当投诉受理者是我们的亲人时，我们也不能大意，反而应该预料到额外的自然防御措施。即使是我的朋友和家人，以及所有已经享用了我的无怨气美味投诉三明治多年的人，每当我问他们我是否可以"说句话"时，他们都还会变得很不自然。他们脸上流露出来的短暂的恐慌，就好像在说："老天哪，我现在该怎么做？"换个角度，当他们带着自己的抱怨接近我时，我也会做出类似的预见性恐惧反应。这就是投诉三明治中的两块面包片如此重要的原因。它们能让投诉受理者进入一种善于接受和乐于助人的心境之中。

当然，某些情况下，我们可能需要在投诉三明治中增加一个或多个成分。如果投诉对象特别缺乏接受能力，或者我们知道他们不太可能有助人的心情，那么我们则需要更加重视言语的柔和度或者投诉的助消化部分。当需要为自己的投诉提供一个特别强有力的理由时，最需要详细阐述的是"肉"的部分。让我们再来看一些具体实例。

一次只抱怨一件事

在上一章中，我们看到贝尔先生不停地抱怨，就像发射铅弹一样向周围尽情喷射怨言，并希望其中一些能够产生作用。贝尔先生自己和他的两个儿子都完全忽视了他季风般善变的不满，尽管贝尔先生连珠炮似的批评和否定使每个人都很压抑，但汤米全然将其当作了耳旁风。不过，如果我们帮助贝尔先生对自己的抱怨进行一次有效地整改，结果又将怎样，到时候汤米对其又会做出何种回应呢？

当我们向自己所爱的人抱怨时，心中必须牢记的第一条规则便是：一定要与对方保持目光接触。无论是对着一个3岁的小孩、30岁的大人抑或90岁的老人，与之交流时，我们应该始终直视对方的眼睛。

必须清楚指明的是，目光接触并不意味着要脸红脖子粗地盯着他们，对他们怒目相向。一个平静坦诚与关爱的表情会更合适。如果感到怒气难平而无法保持"冷静"，这就是一个信号，它提示我们要先暂停，重新构建脑海中的情境，调节自己的情绪，将内心的愤怒发泄一点出来，然后再继续前进。

让我们来快速回顾一下贝尔先生的抱怨开场白："汤米，不要坐在地板上。布莱德，坐好。汤米，难道你一定要背对着我坐吗？布莱德，不要再动来动去。还有，别这么无精打采的！汤米！坐在地板上是很不礼貌的。为什么你（贝尔太太）就不能对他说些什么？怎么这种事老让我来说？"

现在，让我们使用抱怨三明治来改良第一个抱怨。首先，贝尔先生应该去面对汤米，无论是把手放在他的肩膀上让他转过身来，还是起身蹲在他的面前都可以。其次，要记住一点：当我们的抱怨对象在情感上表现出疏远或者防备时（比如说，当他或她坐在地板上背对着我们时），我们需要费心准备几句中听的话来开启对方的耳朵。

就汤米这个个案而言，他并没有完全堵住耳朵（因为他愿意在那次谈话中露面），但他的耳朵也没有完全张开。鉴于他近来的自杀威胁，他急需贝尔先生说一句更温暖、更有同情心的话。贝尔先生应该这么说："我知道你刚度过了既艰难又痛苦的一周。我们希望你能感觉好点，这就是我们来这里的原因。但最重要的是，我们要相互倾听，所以别坐在地板上了。我想要听听你想说什么，我真的很想听听。"然后，贝尔先生可以把自己沙发上的位子让给汤米，自己坐到布莱德旁边的椅子上。

然而，贝尔先生仅仅只说这些话还不够，如果他真希望这番话能对汤米产生影响，他将不得不对此有更多表示。重新建构是一种工具，这种工具能改变我们在某种情况下的基本情感，并且，在表达出我们的不满之前，我们必须控制住自己的不满和愤怒。

至于贝尔先生的其他抱怨，他应该直接摒弃它们。向我们所爱的人抱怨的第二条规则——每一次（即每一次抱怨谈话中）只抱怨一件事。我们所爱的人更愿意积极回应一个单独而悦耳的抱怨，而不愿一次性被过多的抱怨轰炸。

抱怨三明治的核心层

让我们来看看另一个例子。史蒂夫抱怨他的妻子嘲笑他喜爱的所有有关《星际迷航》的节目。他经常看这些节目，而每次都会受到妻子的冷嘲热讽。在他们的婚姻中，看这类节目以及嘲讽看这些节目的习惯，都可谓由来已久。当我们想要抱怨一种已经长期存在的情况，或者某种已经成为习惯的行为时，我们最需要充实的就是抱怨三明治中间的肉层了。我们应该为自己的抱怨提供一个解释，说明为什么我们现在要求这个人改变他的行为，而之前却并没有这样做。

史蒂夫希望他的妻子不要再嘲笑他，但是也希望她能明白，支持他看电视的习惯对他来说非常重要。史蒂夫说过，他曾大发脾气并冲她吼"闭上你的臭嘴"，以此来向妻子发泄怨气。

尽管史蒂夫的勃然大怒当时堵住了妻子的嘴巴，但这种改变不会如他所期望的那样持续下去。无论是什么样的原因导致了他妻子对他的嘲笑，这种原因都不会仅仅因为他提高了嗓门就奇迹般地消失。但是，如果史蒂夫能够以他的妻子能理解并乐意接受的方式，阐明他要求的合理性，她很可能会终止那些嘲笑行为。

在向史蒂夫解释了这个原理之后，我建议他在下一次被妻子用"星际痴呆"这样的字眼炮轰时，做一些截然不同的回应——暂停观看节目，转过头看着她的眼睛。我向史蒂夫保证，他这么做会立即引起妻子的注意，因为他在向她表明：在这个时候，比起看《星际迷航》，跟她聊天要重要得多。

一旦史蒂夫引起了妻子的注意，他就应该说些诸如此类的话："我知道你不喜欢我看这个节目。我不看是因为这样令你不开心，我看是因为我真的很喜欢。我爱这个节目，它的剧情让我倍感轻松，让我感到很开心。如果你能让我安静地欣赏这个节目，我会更开心。如果你也发现了什么让你感到愉快的事，不管是电视节目或是其他什么，我保证也会鼎力支持。真的，如果有什么对你来说非常重要，并能让你开心，我将会全力支持。现在请让我好好欣赏这个节目吧，我会付以感激和回报。好吗？"

当然，那段话只是我对史蒂夫提出的一个版本（他已经做了详细的笔记）。事实上，实际版本和我建议的版本即便不是完全不同，多少也会有些出入。但是，不管史蒂夫最终是如何表达他的抱怨，或者他的观点的，总之，他们的谈话进行得相当顺利。我希望在他传达抱怨的时候，能从此掌握那些有用的规律。

抱怨三明治的第三层

从上面的例子我们已经得知，抱怨时说些中听的话必不可少，这是抱怨三明治的第一层（贝尔先生对汤米的抱怨），并且这个三明治的肉层有必要比平时的（史蒂夫对他妻子的抱怨）还要厚。底部的那层面包片则是助消化剂，是一个能够使抱怨受理者愿意配合我们的积极陈述。当我们的抱怨需要受理者想尽办法去解决时，我们就必须添加助消化剂。我们的抱怨需要受理者付出的努力越多，我们的助消化剂就应该越详细越有力。

几年前，我全额退掉了一张严格限定"任何情况下都不予退票"的音乐会门票，包括服务费，并且还买到了同一场音乐会不同日期的门票。客户服务主管不得不用一个因雨取消演出的指定代码才能办理退款手续，而这场音乐会都还没有开始。

显然，他为我做了一些不寻常的事情。他之所以如此乐于帮助我，丝毫不怕麻烦，全都得益于我给他的助消化剂。购买门票时，我犯了一个错误——看错了日历上的时间。我为远道而来的亲戚购票，结果我买的门票日期是他走后一周的。

我打电话到这家公司的客户服务部，要求与他们的主管通话。当我煞费苦心地完成我投诉的"肉层"后，主管十分同情我，但他只是不断重复他们的政策有多严格，他感到十分抱歉，却无能为力。

我知道是该添加助消化剂的时候了。我坦率地承认了自己的错误（选错了日期），以此将谈话引向投诉论述的最后阶段。接着，我简单、直率地解释了亲戚的此次到访有多么特殊，以及和他一起听音乐会对我来说有多么重要。是的，都是我的错，但是小伙子，这个错误还有机会更正，而且这个机会对我来说非常重要啊。

幸运的是，接听我电话的客户服务代表十分通情达理且富有同情心。他强调说换作是其他任何人提出同样的要求，他是绝对不会同意的，因为他们的政策非常严格。但他理解我的困难，会看看能否做些什么来帮我。

能改变他想法的就是我的助消化剂。我希望那个主管能理解我的观点。我的助消化剂释放出的信息是，我抱怨的并非购票日期的错误，而是不能和一个远道而来的亲人分享一段有意义的经历。促使那个主管伸出援手的，就是我申明的特殊情况，以及我强调的亲情和难得的机会。当然，叙述真实情况和友善地处理该事件也花了我不少时间。

不是你的错，请说出来

几年前我发现，尽管我用心打造的抱怨三明治构造精细，但自己依然陷入了特殊情况下的另一种困境，为了对这种情况提供一个有效的抱怨三明治，我苦思冥想了好一阵子。

我曾和一个家庭一起工作过，这一家子里有一个痴迷于电影《史酷比》的六岁女儿。这本来与他们的心理问题毫无关系，但这一家子一起观看了那部电影后，他们的对话里就充满了电影里的台词。作为一个对史酷比知之甚少的新手，我决定做些家庭作业，于是把那部电影优先列到我的奈飞（Netflix 网站，世界上最大的在线影片租赁提供商）账户上。

我刚刚开通了会员资格，所以那部电影的碟片被立即派送了出来，但它始终没有送到我手上。当我告知奈飞公司我并没收到《史酷比》的影碟后，他们立即又寄来一张碟片，但仍旧没有送达我这里。这就离奇了。但是，这并不是我的错，所以我又告诉该公司，第二张碟片在寄送过程中也不翼而飞了。奈飞公司于是又寄了第三张电影碟片给我。谢天谢地，使我万分欣慰的是，这次影碟终于安全抵达了。

几天之后，我看完了影碟便立即将它邮寄回奈飞公司，但他们也没有收到。我后来能得知这个结果是因为他们给我发了封电子邮件，通知我的账户已经被冻结了。这回真的是囧了，别提有多诡异。整个事件开始有点像电影《史酷比》里的一个典型桥段了。

不过，我始终没做错什么，于是我决定投诉奈飞公司——他们冻结我刚申请、几乎没怎么用过的新账户的行为是不对的。当然，我也意识到了我的投诉合理性值得怀疑。因为，一个人即便不是数学家，也知道同一盘影碟在邮寄过程中接二连三丢失的可能性有多么小。我意识到奈飞公司对该事件的唯一理解，就是我利用了奈飞公司邮寄制度的漏洞，以不可告人的目的囤积《史酷比》的碟片。可是罕见事件实际上已经发生了，同一部电影的碟片在邮寄过程中连续遗失了三次，对我来说这就是事实。我的问题便是：我如何才能让奈飞公司相信我的话呢？

抱怨三明治阐释的是抱怨的结构，而不是它的内容。正如中听的言语和助消化剂能使听众更易于接受我们抱怨一样，它也可能使抱怨受理者（无论他们是店员，客户服务专业人员，还是我们的配偶）更易于相信我们的言辞，并因而更倾向于帮助我们。一些研究已经检验过哪些因素能使得人们更易于相信某些言论。正如我们预料到的，真理并不总是客观的，特别是在处理抱怨、个人观感和不知去向的奈飞公司的影碟的时候。

影响真相的几个要素

在有关"真相"的著述中，人们得出的最一致的结论之一便是：越是为我们熟识的内容，人们越相信其真实性。当某一事件被陈述多次，相比那些只被陈述过一次的，我们会更相信前者。这种现象在无意识中发生，并且在存在睡眠者效应——在第一次和第二次陈述之间有一个时间差的情况下，尤其明显。在一个名为"一夜成名"的实验中，受试者读了一份名不见经传的人物名单，其中包括一个虚构的名字——塞巴斯蒂安·韦斯多夫。接着，在24个小时后，他们又拿到第二份名单，并被要求指出哪些是名人的名字。与其他虚构的、没名气的名字相比，塞巴斯蒂安·韦斯多夫更经常（错误地）地被认为是一个名人。换句话说，受试者认识了塞巴斯蒂安·韦斯多夫这个名字，导致他们后来把他当成了名人。

在我给物业公司写投诉信的例子中，我有幸成为我们大楼里最后进行投诉的人之一（因为我之前认为这样做没有任何意义）。但是我的落后其实是在寻找最有利的时机，我对难以容忍的噪声和遭到严重干扰的生活标准的投诉，是建立在之前的其他投诉电话和信件之上的。因此，读我的投诉信的人能够关注我的要求，而不是把全部注意力放在评估基本事实上。

在这方面的研究另有一个有趣的发现：即人们更相信一个听过数次的观点，即很多人都持有的那个观点，即使他们的熟悉感仅仅是建立在某一个人不断重复该观点的基础上。在某些情况下，隔一段时间寄一封信来抒发抱怨，也是一个非常有效的方法，它能改变他人对我们观点的看法。

"知觉流畅"是影响我们对真相的潜意识感知的众多有趣因素之一。简单地说，我们更倾向于相信那些赏心悦目的事物。在书面投诉中，是否整洁、字迹清晰和格式美观能够左右我们的陈述是否被采信。在一项研究中，受试者面对着电脑屏幕，阅读一些与世界地理有关的陈述，这些陈述一半为真一半为假。那些用深色字体显示出来的论述会更易于阅读，因为深色与白色的背景反差较大，例如深蓝色。相较于那些用更难以阅读的颜色（例如黄色）显示出来的论述，人们认为前者更加真实可信。

对于"知觉流畅"和对事实判断的研究结果，给我们这些倾向于在网上通讯中发送表情符号或彩色动画的人带来了令人失望的讯息。我们应该避免面带笑脸却发出嘘声或者动画片里大熊猫的笑声，以此来结束我们为了正义和赔偿而提出的吸引人的、令人信服并且真心诚意的要求。

对"知觉流畅"如何影响我们对于真相的感知，还有个特别而神奇的因素，那就是节奏。事实证明，我们喜欢押韵。我们是如此喜欢它，以至于事实上它影响了我们对真相的判断。简单说来，我们倾向于认为有押韵的陈诉比那些类似但无押韵的陈诉来得更为真实。例如，人们相信格言"醒时口三缄，酒后吐真言"远远比"醒时口三缄，酒后露真相"更具准确性，尽管两个句子表达的是完全相同的意思。同样的，"智慧谨慎带身上，引你找到好宝藏"被认为比"智慧谨慎带身上，引你找到好财富"更可信；"生活难免有坎坷"被认为比"生活难免有磨难"更为确切。

在 O.J. 辛普森的谋杀案审判中，当约翰尼·科克伦（辛普森杀妻案中被告辛普森的律师）拿出沾满血的手套向陪审团陈诉时，他这么说道："手套如果不合适，他就必须被开释。"如果他拿出同样的证据，但说的话却是："如果现在他戴不上这东西，那么他在那晚就不可能戴过它。"那样的话，辛普森也许就不会被无罪释放了。

当然，这并不意味着我要在电话中创作快板歌，或者朗诵一首关于邮局不可靠的十四行诗，来处理我对奈飞公司的投诉。但是，我们的语调和声音节奏的确能影响我们的投诉能否被接受。总之，当我们投诉时，说白了，简明扼要的话更能增加我们成功的机会。

最后，如果我们在自己的投诉事件中有明显的过失，我们就应该率先承认。坦白承认自己明显的失误或错误，能防止别人以为我们试图隐瞒它们。当涉及真实性问题时，别人是否诚实，我们通常会做一个总体评价。如果发现一个人说谎或者对某些真相省略不表，我们会自然而然地认为他或她说的其他任何事情都值得怀疑。同样的，承认自己本身的明显错误（比如订购了错误时间的音乐会门票），能传达一种诚信，它使得我们的其他陈诉也更加可信。

我与奈飞公司的矛盾在这方面还存有疑问，因为我本身并没有真正的过错需要承认。但是，我应该承认，同一部电影的三张碟片在邮寄过程中不知去向确实非比寻常。我这么做就是向奈飞公司表明，我要努力做到公平和实事求是，从而使他们更容易相信，《史酷比》电影碟片并不是因为我的不诚实最终不翼而飞的。

找到投诉的正确路径

熟悉感能增进我们对真相的感知，对于这一点的了解使我萌生了一个解决"奈飞窘境"的想法。我知道我并不是唯一一个在邮递过程中丢过碟片的人。在这种情况下，人们会采取什么措施，奈飞公司已经了如指掌，且这些措施通常也被他们视为最合理的。但是，到底那些丢失碟片的人是怎么做的呢？

第二天，我在我们公寓大楼的楼道里窥视邮递员。30分钟后，他终于推着邮车缓缓而来。我假装刚从电梯出来并向他点了点头："几份奈飞公司的邮寄碟片没寄到我这儿。"我漫不经心地说道。接着我想到说出实话将会更富有成效，于是又坦白说道："也许有三份了。"

那个邮递员会意地点头，好像他不是第一次遇到这种情况了。他回答道："你需要去趟本地的分局，就丢失的邮件填写一张投诉表格，然后寄一封信给奈飞公司并附上投诉书的副本。"这正是我需要的信息！

谢过邮递员后，我径直奔向邮局，寄了一份投诉表格的副本给奈飞公司，同时也把要求恢复我的账户的投诉信一并寄了过去。我以自己对奈飞公司在《史酷比》碟片上的损失也深感震惊和遗憾作为开场白。我解释说，鉴于这种情况，我已经采取了有力的行动，并在地方邮局就此事提交了报告。由于"关于《史酷比》的损失，我和你们一样感到难过"，已经是我能想到的最佳表达了，我决定不再刻意押韵。显然，我不是约翰尼·科克伦。

在信的结尾，我请求他们解冻我的账户，并且扔出了一个助消化剂：表达我期待着与奈飞公司在接下来的几年中保持良好的关系。三天后，我的账号恢复了。

熟悉性原则能以各种方式派上用场。例如，在网上阅读顾客对产品的评价往往能使我们得知，我们遭遇的那些问题是罕见的还是司空见惯的。如果我们和许多人一样，也无法用一只手奋力叠起新买的"一手折叠"婴儿车，那么，这就是我们试着去退货时能用到的最好的理由了。然而，如果网上的顾客评论都是溢美之词，而且实例图片上微笑着的母亲们正一边逗弄她们调皮的双胞胎，一边一手折叠着婴儿车，这种情况下，我们应该会得出结论：我们的投诉只是特例，而这时候应该增强我们的助消化剂。

如何让陌生人乐于伸出援手

如果我们抱怨某事，那是因为我们无法独自纠正问题。这样一来，所有的投诉——即使是其中最合理的或最私人的——总是需要得到他人的配合或帮助，不管是对待不知姓名的奈飞公司的行政人员还是忙碌的航空公司登机检查员，或者是面对皱着眉头的客户服务代表。究竟什么才是寻求陌生人帮助的最佳方式呢？

对利他主义——助人行为和友善行为的研究，是社会心理学中比较先进的领域之一。经过几十年的探索，我们知道了不少影响助人行为的有关因素。对我们来说，其中最有关联性的因素之一就是情绪。使他人拥有一个好心情对提高他们助人的积极性能起到神奇的作用。在一个名为"饼干与友善"的早期研究中，研究人员将饼干分发给一些大学图书馆的学生，但没发给其他人。然后，一个馆内的"秘密"研究助理走近学生，请求他们对一个研究项目提供帮助。这项研究假设饼干有助于友善行为——那些得到饼干的人拥有了一个好心情，这将使得他们比那些没收到饼干的人更乐于助人。事实上，研究结果的确如此，收到饼干的人往往比没收到饼干者更愿意伸出援助之手。

投诉对象的心情是一个需要考虑到的重要变量。但是请放心吧，如果在一个周末，我们新安装的马桶漏水并且毁坏了我们浴室里新铺上的昂贵瓷砖，我们大可不必冲到厨房，烘焙一堆巧克力果仁饼干。糖并不是唯一一个能让人（例如一个管道工）拥有好心情的方法，我们拥有自己的秘密武器——笑容。

当我们当面进行投诉时，要将对方的心情调整到对我们有利的状态，最容易且最简单的方法就是投给他们一个真正的微笑（而使我们露出真正微笑的唯一方法就是重新建构）。真正的微笑也被称为"杜乡的微笑"，是为纪念法国医生吉拉姆·杜乡（Guillaume Duchenne）命名的，他第一个正式提出：真正的微笑牵动着我们的眼部和脸颊肌肉，以及口部和唇部。我们对着镜头说"茄子"的时候，只活动了脸的下半部，它使我们的唇部和面颊活动起来，却不会使我们的眼角产生鱼尾纹。就真正的微笑而言，没有什么比深深的鱼尾纹更能表达出快乐了。没有鱼尾纹的话，我们的笑容看起来就很做作、勉强或者紧张。

一个真正的微笑到底有多大的威力呢？最近一项研究表明，在童年的照片上和在毕业纪念册上笑得更真实的高校学生（以眼睛周围的鱼尾纹深浅作为衡量标准），相比那些笑容里没有鱼尾纹的孩子，成年后离婚的可能性更小。

杜乡的微笑也可以传染，甚至比打哈欠更有感染性。因为人们会不由自主地回应它——以同样真诚的杜乡微笑。对于一些人来说也许这听起来有点可笑，可实际上它就像魔法一样。如果我们使一个人发自内心地微笑，就能使他们有一个更乐于接受的心情来倾听我们的投诉。尽管我们不大可能随时携带饼干，但是我们随时都能微笑。

当然，我们可能也需要一两个调节情绪的练习，以便能同时实现真正的杜乡微笑和一次有效的投诉。杜乡的微笑是一种强大的力量，绝对值得我们多加练习。同时，在日常生活中面对店员、公交车司机或者送货员时，我们常常可以同时训练重新建构和杜乡的微笑。对于更高级的微笑练习，邮局柜员、地铁售票员或机动车驾驶管理处的摄影师，都是我们学习的目标。请记住，我们确认自己是否展现了真正笑容的唯一一种办法是，对方是否回应了我们一个杜乡的微笑——一个有鱼尾纹的真诚的微笑。

为了得到投诉受理者的帮助，我们能采取的最有效的技巧是要了解他们的观点。利用移情效应设身处地为投诉受理者着想，有助于提醒我们如何才能使投诉更容易被对方接受，是否需要用到一些妙计。

做到这一点的方法之一是想象我们就是投诉受理者。例如，我们可以设想花整整一天的时间来看投诉信是什么样的感觉：这些信件有的充满愤怒，有的令人费解，还有的情有可原或者杂乱无章。一旦了解到这种情况，我们可以大声读出我们的投诉，并且感受它的收件人听起来会是什么样的感觉。如果这个投诉听着不会让人积极响应，也不会使其受理者产生共鸣，这时一次快速全面的修正就可以帮助我们赢得投诉受理者的帮助。

大声读出我们的投诉之所以是明智之举，还有其他原因。大声朗读的时候，我们用的大脑和默读所用的是不同的（我们的听觉理解与视觉理解形成了对比）。听取自己的投诉也可以使我们更容易捕捉到非难、讽刺的措辞，或者是在我们写信时觉得非常好但实际上听起来敌意过浓的语气。它也是检查错别字（错别字有可能会成问题，它们干扰了信件的知觉流畅性）最好的方法之一。

最后，当我们向某人抱怨时，明确说明我们的要求是最重要的一点。我们是要求退款呢，还是希望得到优惠券、道歉、拥抱和一个吻，或者其他一些好处？只要有道理，我们都应该试着去阐明某种令我们满意的解决方案。

一般而言，表达我们投诉的时候要做到礼貌、清楚、简洁且不带情绪，微笑着说"您好"和"谢谢您"，并且利用好投诉三明治，就可以赋予投诉受理者一个倾向于帮助我们的心情和良好的心态。

让抱怨三明治更美味的调料

我们要在抱怨三明治中加入抱怨的内容，但我们如何呈现那些内容同样重要。还有其他的一些因素能影响别人对待我们抱怨的态度，因此，当我们尝试着使抱怨更加有效的时候，还要牢记给抱怨三明治添加一些必要的调味剂，诸如投诉信的长度合适，内容富有针对性，选择呈现那些起作用的细节，以及运用本章中出现的其他有用提示等。然而，相较于人们在个人生活或工作中所产生的不满，抱怨三明治中绝大部分的调味剂与消费者投诉更息息相关。

个人抱怨是一个微妙的问题，一次抱怨能极大地影响到人与人之间的关系。当涉及我们的亲人或朋友时，有效的抱怨不仅意味着被倾听与受到关注，还意味着友情和爱情的纽带得到维系。有效的抱怨能长期巩固与增强人与人之间的关系。

第六章
亲密关系中的抱怨法则

The Art of Squeaking to Loved Ones

亲爱的,我一直抱怨你的表现,可你并不在乎。有时候你甚至不屑一顾。

——佩格·邦迪对爱尔·邦迪说《憔悴潘郎》
（*Married with Children*,1987）

因工程延期，差不多两年过去了，新的房客才入住那栋距离我的卧房窗户仅仅 20 英尺的大楼。与我的公寓等高的那层楼迎来的是一对中年夫妇。我们必将经历一段不可避免的私密接触。这是我第一次切身体验到典型的纽约生活——毗邻的两栋楼里，陌生的房客双方都在全景式的视窗下生活着。我很快就成了百叶窗和窗帘的狂热信徒。唉，我的新邻居在窗户的问题上并没有与我达成共识。他们在公寓里时不喜欢穿衣服，大部分时间里只穿内衣。不幸的是，他们的活动式投射灯往往将他们身上若隐若现的部位展露无遗。

并且，令我印象深刻的是，那对新邻居似乎如胶似漆。他们总是一起下厨，或在沙发里相互偎依着看电视，或是一起放声大笑。我从不曾听见他们争吵，也没有看见他们之间关系紧张。即便我无意间看到的这些信息只是管中窥豹，但仍可看出他们之间的关系牢不可破。

诚然，有些事我不可能确切知道。但是根据我 20 年来在婚姻咨询上的经验，当一对夫妇走进我的办公室，或者他们穿着睡衣在拉开的百叶窗后面踱步时，我能在几分钟内判断出他们的婚姻（或者他们的关系）是否有未来。我的结论与夫妇间问题的严重性毫无关系。无论是严重的沟通误解，还是炙热的婚外情，或者明目张胆地丢在浴室地板上的湿毛巾,这些都与一对夫妇的未来没有多大的关联。洞察他们的关系性质以及其婚姻的寿命长短时,我从不看他们喜欢争论什么或抱怨什么,而是观察他们怎么争论、怎么抱怨。

心理学家们通常不愿意对人类的行为进行预测,因为不能保持完全的精确度。但是,在经过一次又一次的研究之后,婚姻研究者能以90%以上的准确率预测出哪些夫妻将白首到老,而哪些最终会分道扬镳。而且,当研究者们通过某一套特殊的工具和标准来进行预测时,有经验的婚姻咨询师会把科学结论、临床观察结果和他们本能的直觉综合在一起,从而得出极其相似的结论。研究人员与婚姻咨询师是从一对夫妻如何处理对彼此的抱怨来洞悉他们的未来的,而他们对配偶表达大部分抱怨,都是在第一次夫妻诊疗——即协商谈话的时候。

协商谈话经常会是夫妻两人处理抱怨的缩影。随着夫妻双方表达出对彼此的不满,诊疗室成了夫妻间抱怨的培养皿,随着时间推移,它就如一个木盆,里面盛满恶意的控诉、化脓的怨恨和如菌落般迅速繁殖的情感伤害。即使不太好斗的夫妻讨论有意义的抱怨时,沟通不畅与误解也会飞速生长。毕竟,当需要表达抱怨,或者要对别人的抱怨做出反应时,没有人会表现得完美。当伴侣们的抱怨主题是两人之间的关系时,我们所犯下的大多数过失都不算严重,而且也不会留下持久的影响。但是从婚姻的角度说,如果一些过错造成的巨大创伤反复发作,那么这些过错就可能致命。

约翰·M.哥特曼(John M. Gottman)是世界上研究夫妻关系与婚姻问题的权威专家,他总结了四种夫妻间抱怨时常犯的非常有害的特定错误,这些错误可能会给两人的关系招来灭顶之灾。他将这四种特定错误抱怨称为婚姻中的"启示录四骑士"(《圣经》

中带来末日的四骑士）。不过我认为夫妻间还有第五种错误的抱怨方式也是同样危险的（我们会在后面谈到这一点）。我们婚姻命运的结果并不取决于是否存在这些错误，而取决于这些错误在我们讨论抱怨的过程中占了何种程度的统治地位。

所有夫妻在某些时候都会犯其中一些错误，有时候我甚至会遇到一对沟通中犯了所有错误的夫妻。这些错误的毒效爆发得非常迅速，能达到毁灭性的程度，以至于他们对彼此言语间的恶意让旁观者都不忍直视。

痛苦婚姻关系中的抱怨场景

走进等候室与米莱尔和查德见面时，我立即觉察到他们之间关系紧张。他们僵硬的姿势、他们的眼神以及他们拿着冰镇卡布奇诺指关节发白的样子，使得一个寒战自上而下滑过我的脊背。米莱尔把她的卡布奇诺放在一旁的桌子上，首先站起来和我打招呼。而查德仍然拿着他的咖啡，走过来和我握了握手，并向我的办公室跨了一步。

米莱尔突然转身对他嘶声说道："你不打算把我的咖啡也带上么？我的意思是，你太自私了吧？"米莱尔看了我一眼，转了转眼珠，因丈夫"明显"缺乏骑士精神向我表达歉意。她又怒目瞪了瞪查德，然后怒火腾腾地走进了我的办公室。查德很快地咕哝了一句"对不起"，接着双手各拿一杯冰镇卡布奇诺，匆匆跟在她身后。

我走进办公室的时候，正好看到米莱尔从查德手中一把抢过她的卡布奇诺，然后坐在沙发中间开始啜饮，发出的声响很大。查德将两个小侧垫移动到他和米莱尔之间，然后坐在垫子中间，靠近沙发边上。米莱尔迅速地向查德投去不满的一瞥，把那两个垫子扔到了一边。其中一个落到了地板上，查德过去把它捡起来，然后坐回原位，将那个垫子放在了大腿上。他转过脸，叹了口气。办公室里的紧张气氛已然令人窒息，而我们甚至都还没有开始谈话呢。我觉得自己都要叹息了。

我想看看我是否能调节一下气氛，让他们有机会摆脱焦躁情绪。于是我在他们对面坐下时开玩笑说："一场垫子前哨战么？"查德低下了头，显得很不好意思。米莱尔突然转向他说道："为什么那么做，查德？为什么你总是要竖起这些障碍物？你甚至在床上也用枕头当阻隔！"

"是吗？但你把整个毛毯都拱到了你那边！"

米莱尔的眼珠几乎要掉出来了："你在骂我是一只猪么？！"

"什么？不是！为什么你总是以最糟糕的方式来看待事情？"

"为什么？因为你骂我是一只猪！"我连忙抬起手来制止他们。如果放任下去，他们也许能将全部诊疗时间用来进行无益的争吵。事实上，在进来还不到五分钟的时间里，我已经听到了两位"启示录骑士"的嘶叫声了。

所有人都会向伴侣抱怨，而且有时候也会批评他们。但是在抱怨和批评之间存在着一个关键性的区别。抱怨是一种陈诉，这种陈诉关注于具体情况下的具体行为。批评则是一种对对方性格的全面指控，这超越了对具体事件的指责，并假设了一种超出具体事件的消极动机。通常对于被批评者来说，他们遭受的是一种更大程度的情感攻击，而不仅仅是一个明确而具体的抱怨。米莱尔和查德都犯了夫妻间相互抱怨的头号错误——将抱怨演变为了批评，即使他们在等候室里也是如此。

米莱尔说的"你不打算把我的咖啡也带上么"是一个抱怨，然而，"我的意思是，你太自私了吧"，这句就是以讽刺来包装以达到额外影响力的批评言语了。在我面前做出这种根本没必要的批评行为，更增加了其严重性，就如同米莱尔转动眼珠，发怒并跺脚了。米莱尔说的"为什么你总是要竖起这些障碍物"也是一句批评语，因为"总是"和"从不"这类词语隐含了全世界都了解的普遍意思。这样的词语，能够不可思议地将任何有效的抱怨变成一种含挑衅意味的无效批评。

通常来说，抱怨就其本身而言，并不具有毒性（尽管如我们在第四章论述的，过多的抱怨也是一个伤脑筋的问题）。抱怨将我们的诉求传达给了伴侣，根据情况我们可以及时进行修正。是的，当伴侣抱怨我们的时候，我们会被刺痛，不过当夫妻双方共同来有效地处理抱怨时，抱怨对于夫妻关系是利大于弊的。从另一方面来说，批评从不具有建设性。当然，所有夫妻都会互相批评，问题的关键是，他们批评的有多频繁。事实证明，泛滥的批评对婚姻的满意程度和关系的持久都能产生极大危害。

令人头疼的是，哥特曼的"四骑士"往往以团体的形式共同出动。当其中一个出现时，其他的也很快随之而至。批评是第一个"骑士"，他往往会引来第二个"骑士"——防御性。当遭遇批评、指控和性格中伤之时，显然大多数人会开启自我防卫。一旦我们卷入了一次批评与反驳的拉锯中，实际的抱怨就被抛到了一边，其结果只能是陷入痛苦又毫无意义的争吵。

查德用自己的防卫和非难来回应米莱尔。他所说的"为什么你总是以最糟糕的方式来看待事情"就是一个防卫性的批评（请注意"总是"一词），他完全忽视了米莱尔的抱怨，并且把过错推回到她身上。

我看到米莱尔要采取攻势了，决定问问查德是什么促使他们来这里寻求咨询的，看看他是否会采取同样的攻击措施。但是他没有。他向我介绍了他们五年来婚姻生活的简史，然后说道："我想，我们来这儿是因为我们经常吵架。也许我并不总是最体贴的丈夫,但是,我工作时间真的很长,所以有时候当我回到家还要做晚餐时,我实在没有心情询问米莱尔一天的生活或者看看她过得怎么样。然后她就变得很不高兴,把我从客厅里赶走,而且……我试图陪在她身边,我想我大部分时间都是这样的。但是有时候她听起来怒气冲冲,令人难以忍受。我想我最好别理她。但是我做不到……"查德垂下了头,语音渐低。

我正要问米莱尔的想法,她帮我省了这个麻烦。她怀疑地问查德:"你认为这就是问题所在么?你只是不过问我每天的生活?你是怎么回事,蠢货?你从来没有问过我的任何事!你根本就不和我讲话!你总是很忙,要么不停打手机,要么说你太累了!全都是关于你自己、你的需要。从来都没有我的事,从来都没有!你就是这么个自私的东西!"查德将身体转向一边。

"我是你的妻子!"米莱尔对着他的后脑勺大声叫道,"我本该是你生活中最重要的——你最该珍惜的人!你还记得我们结婚的誓词么,查德?相爱并且相互珍惜!那是你允诺我的!你把这叫爱吗?你觉得这样叫珍惜么?你应该感到惭愧!"

查德无言以对。米莱尔转向我,眼里蓄满了泪水,说道:"他太以自我为中心,简直到了令人恶心的程度!"

虽然我对米莱尔的痛苦表示同情,但她对查德的批评却极为刺耳。更值得注意的是,查德甚至没有反驳一次。

"查德,你想对你妻子的这番话说些什么呢?"我问道。

查德摇摇头,说:"我无话可说。"

在面对米莱尔的全力抨击时,查德的沉默使我感到很担忧。退避三舍和无动于衷代表了哥特曼的"第三位骑士"。如果在心理咨询中有人毫无反应,这可能意味着他正在积极地考虑是否要脱离这种关系。

在对伴侣提出离婚或分居前,人们经常会花几年的时间来认真考虑这个问题。在某些情况下，当一对夫妇来进行治疗时，其中一人已经开始了这种心理退出的过程，而另一个却毫不知情。如果某人已经做好离开的情感准备了，那么要把这对夫妻从危机中拉回来极其困难。过分抱怨到了使我们的伴侣保持缄默的地步，这种宣泄不满的方式便无效了，它还使得双方关系陷入险境。

如果在我们抱怨时，配偶转身离开，或者看起来无动于衷、退避三舍，那么在那一刻能做的最有效的举动便是停止抱怨。直到我们的伴侣有时间和空间重整旗鼓，不然任何多余的话都是无效的。尽管心里感到沮丧，我们还是应该说一些诸如此类的话："你看起来有点不堪重负。咱们以后再继续说这件事情吧，我愿意暂时先放一放。"

正如汤米招架不住自己父亲过量的责骂而只能哑口无言一样，查德也走上了一条相似的道路。但查德与汤米不同，只要他想，可以随时摆脱这段关系。我需要他和米莱尔谈一下，让她知道他是多么绝望。

我坐在椅子里，前倾着身子问："查德，你可以转身面对米莱尔吗？"查德勉强地转向了米莱尔。

"米莱尔说你很自私，让人讨厌，我肯定这对你来说难以入耳。"查德摇了摇头。

"也许你可以告诉她你的真实感受，她需要知道你为什么沉默不语。否则，她只能认为你根本不在乎。可我并不认为你真的是这样子，你是吗？"查德再次摇头。

"所以，现在告诉她吧，"我说道，"看着她的眼睛，告诉她你现在的想法。"

查德深吸了一口气，他的下唇开始颤抖："我感觉糟糕透顶！"查德终于说了出来，他的脸扭曲了，眼泪哗地流了出来，"你让我觉得我总是让你失望，就好像我是个废物。你讨厌我的朋友，讨厌我的家人，我的任何事情你都看不顺眼！你老是对我生气，老是这样！你指责我的一切，让我感觉我是个彻头彻尾的失败者。我再也忍受不了这些了！"查德捂住脸，开始抽泣。

坐在椅子里的米莱尔直起身板以此作为对丈夫的回应。她的表情里混杂着愤怒与憎恨。对查德肩膀的每一次颤抖，她都有所反应，就好像查德在向她发射不公指责的子弹一样。她的脸上没有丝毫的关心与同情。与此同时，查德不停地抽泣。这个可怜的男人已全然心灰意冷，我开始担心起来。我朝米莱尔点点头，敦促她做些什么来缓解丈夫的压抑。她照做了，但她畏缩了一下。

"瞧瞧他哭成了什么样！"她用厌恶的语气对我说。接着她转向查德（他还在抽泣），"看看你自己，"她怒斥道，"你已经是成年人了，是个专业人才，怎么会是这么个软弱无能的可怜虫？我现在真为你感到羞愧，查德！你让我感到无比难堪。"

米莱尔对几近崩溃的查德所表现出的冷酷无情让我这个旁观者感到极为震惊，更难去想象他们俩回家后，情况会变得多糟糕。一般来说，夫妻来接受咨询治疗时都会表现得克制一些。如果在咨询室里他们的互动都不好，那么可以肯定，他们回到家后的关系会更糟糕。在她给查德带来更多伤害之前，我赶紧举起手打断了米莱尔的长篇指责。她明白我的暗示，没有继续讲下去。她又瞪了查德一眼，然后坐回座位上，把手放下，啜饮了一口咖啡。

哥特曼的"第四位骑士"，也是最具杀伤力的一个，便是漠视我们的伴侣，对他们没有基本的同情心。如果夫妻一方深深的情感压抑换来的是对方的冷漠，两人之间的裂痕极有可能无法弥补，长久相伴的可能也成了镜花水月。唯一让我不确定查德是否会离开米莱尔的一点是，目前查德还没有采取行动。他在这份关系中长期受着折磨，而现在他来这里接受咨询，并没有坐在律师的办公室里。

米莱尔和查德之间如此缺乏体谅和同情，所以我认为夫妻双方的互相同情才是这次诊疗的首要任务。我向查德探身，轻声对他说："查德，我有些话想对你说，我说话时，你完全可以哭出来。其实，你已经痛苦很长时间了，所以你才会感到如此受伤。但一旦累积到某个点，没有人能将那么多的痛苦全憋在心里。所以我很高兴你现在已经发泄出来了一部分。我知道你的痛苦比这还多得多。"查德点了点头，抓了一把纸巾，擤了一下鼻涕。然而，查德并非是唯一受到伤害的人。

毫无疑问，米莱尔对查德吹毛求疵，给他造成了极大的伤害。但事实是，正如查德感受到的，米莱尔觉得自己同样被查德拒绝、排斥和低估了。米莱尔的自尊心也和查德一样受挫。我们都经历过这样的挫败感，一时的愤怒让我们失去了对身边爱人的同情。然而，如果我们想要维持我们原有的关系，就应该控制自己的情绪，让头脑清醒，重拾同情。我们永远都不能任由冷酷的愤怒继续恶化而不采取诸如同情这类的情感策略，而要把愤怒掌握在可控的范围内。

带来婚姻末日的第五位骑士

我担心查德很可能会离开米莱尔，而米莱尔根本没有意识到这一点。他已经用沉默和无话可说来暗示了他的退出，而她却对此视而不见，就像她无视他的压抑一样。她被自己的情感和心理痛苦蒙蔽了双眼，因此看不见查德内心所受到的折磨。对伴侣的痛苦视而不见、对他们认为极重要的抱怨充耳不闻，是夫妻抱怨的第五个错误。我相信这便是"婚姻启示录"的第五位骑士。

拉尔夫和索尼娅是我接待过的另一对夫妇。他们来我这儿是为了解决他们在金钱问题上的分歧。拉尔夫刚从原公司辞职开始自己创业，为了节省开支他在家办公。不过他的事业并没有起色。于是金钱的负担让他们的婚姻生活日益紧张，他们常常就钱的问题争论不休。拉尔夫觉得在他自尊心一度低迷的时候，索尼娅对他没有安慰反而严加指责，这让他很愤怒。而不赞成拉尔夫离职的索尼娅还在为他们的经济状况忧心忡忡。让她更难受的是，去年才挣了30英镑的拉尔夫完全忽略了他们的性生活。

几次会面后，我很清楚地知道索尼娅的压力远比拉尔夫认识到的更大。他似乎只想讨论他们的金钱分歧。每当索尼娅谈到他们变得疏离时，拉尔夫就把这当成是索尼娅对他们目前面临的金钱压力和他擅自辞职的不满。索尼娅不断地试图让他知道自己的本意，可拉尔夫就是听不进去。到第二次会面进行到一半时，索尼娅似乎要放弃努力了。

我很担心他们的婚姻会一步步走向危险的水域。当索尼娅再次说明她抱怨的本意时，拉尔夫不应该忽视，这点很重要。我只能擅自把关于金钱的讨论转移到亲密性的问题上来。因为索尼娅已经不想再去抱怨什么了。

"我回到家时，你老是穿着睡衣坐在电脑屏幕前。"她说道，"你知不知道，你几乎每天晚上都带着一品脱的冰淇淋到床上？"

拉尔夫立马僵直身子。"索尼娅，你明知道我现在在业务上举步维艰，就不能支持我一下吗？我拼命想让公司走上正轨，而你却在那儿限制我的卡路里？自从我辞职后，你就在不停地指责我！"

"我想说的并不是那个！"索尼娅叫道。

"你对任何能给我带来一点安慰的事都喋喋不休，我在床上吃点冰淇淋，有那么让你不高兴吗？"

"拉尔夫，其实，索尼娅不是抱怨你在床上吃冰淇淋。"我打断了他们的争执。

房间里只剩下出奇的沉寂。索尼娅的脸变得通红，冷笑着哼了一声。拉尔夫的脸变得更红，但也在冷笑。是的，我用极其粗鲁的方式直击问题核心。可是，当一个问题被无视了太久了以后，即使我直接点中要害，通常也不会有什么帮助。拉尔夫听到了索尼娅说的话，他并不否认他们的性生活很糟糕，他是觉得他们的情感重要性降低了。

打破情感否认是有挑战性的。人们不得不用一种尽可能戏剧化且令人印象深刻的方式，去传达否认的态度。对这对本身并不粗鲁、鄙俗的夫妇采取粗俗的态度，是让拉尔夫关注我的信息的最佳方式。当然，一旦得到他的完全关注后，如果索尼娅能得到前者（性生活）的满足，那么她也会让他得到后者（卡路里）的满足。我也提到过，拥有更美满的性生活，会让夫妻双方在个人自尊心和婚姻满足感上有质的提升。

我必须强调，尽管一些传统的模式表明，男人对婚姻性生活抱怨得比女人多，但按我的经验来看，其实没有什么差别。女人和男人一样极可能抱怨性生活，而男人也和女人一样极容易忽视这些抱怨。这两种情况在男同性恋和女同性恋夫妇中就可见一斑。当伴侣对性不满或抱怨时，肯定会引起我们的难堪和尴尬（同时也会产生防卫心理）。有关性生活的抱怨从情感上来说，总让人感到不舒服。也正因此，很多人才把埋怨与不满藏在心里。

然而，当抱怨不满总是被对方忽视时，我们会感到自己被伴侣拒绝，不再那么具有吸引力，但却很难像索尼娅那样一吐为快。当伴侣对我们的性生活不满时，我们应该站起来做一些男人该做的事（或女人该做的事），把我们的痛苦放在一边，敞开心扉和对方好好谈一谈。同时当我们自己对性需求有不满的时候，也可以尝试和对方谈心，这样会促进双方之间的关系。

怎样用关系改良剂促进夫妻感情

米莱尔和查德在讨论抱怨时,暴露出了夫妻间会犯的所有错误。然而,也有些夫妇在各个方面都表现得很好。他们对抱怨的讨论,向我们展示了在漫长婚姻中得到满足的交流方式。这些关系改良剂在如何提出抱怨以及应对对方提出的抱怨上,表现得尤其明显。

关系改良剂是每对夫妇都可以学会的技能,只要他们愿意付出足够的努力。我见过无数对夫妇能用自然正确的处理技巧来应对对方的抱怨,伊登和哈维这对夫妇可以算得上是这方面的典范。

我的私人诊所开业还没几个月,我便见到了伊登和哈维。在那之前,我已在夫妻诊疗方面受过五年的专业培训,但这还是我初次在无人监督的情况下独自工作,算是首次"单飞"。

当时,伊登和哈维都三十五岁左右。两人都穿着彩色的扎染T恤,伊登怀着六个月的身孕,这是他们的第一个孩子。哈维在等候室里第一个和我打招呼,他向我介绍伊登,然后自我介绍,接着他轻拍了一下伊登的肚子说:"还有,这是乔纳森。"他微笑着弯下腰,对着妻子的肚子轻声说道,"别担心,妈妈和爸爸都很爱对方,我们到这儿来,只是为了做些调整。"伊登吻了一下哈维的脸,握住他的手穿过大厅来到我的办公室。这时我已对他们很是欣赏。

我问他们,来这儿想得到哪方面的帮助。回答时,和其他夫妻在咨询诊疗中一样——他们互看了一眼,伊登先开口,她直接面向哈维做了阐述。她告诉他,她想要讨论一个敏感但有压力的话题,而以前每次在家讨论时,这个问题(关于他们的理财)都会引起没完没了的争执。每次伊登说话的时候,哈维都会看着伊登,当她陈述讨论话题时,哈维会直视她的眼睛,并点头表示同意。仅那些简单的动作，就足以显示他们的夫妻关系多么坚实了。

我们教孩子说话时要看着对方的眼睛。但在轮到两性关系时，我们自己却总是做不到这点。来我诊所的夫妇中，至少有一半和他们的伴侣缺乏甚至没有眼神接触。我们可以把眼神交流视为一件小事，但当和伴侣谈论抱怨时，这件小事可能蕴含着深刻的含义。

拉维恩大学的詹娜·弗洛拉（Jeanne Flora）和亚利桑那大学的克里斯·赛格里恩（Chris Segrin）测试过一对夫妇在谈论抱怨时能对视多久。他们发现，当妻子在抱怨时，丈夫注视妻子越久，那这对夫妻对他们的婚姻满意度就越高。男人的眼神关注如此关键，是因为它传递的是一种敞开心胸、乐意去聆听另一方想要说什么的态度。相反，太频繁地扭转头（或像查德一样，扭转身体），传递的是他紧闭心扉以及不愿意倾听的态度。这对于整个交流都会造成极为重要的影响。

有趣的是，丈夫抱怨时妻子能看他多久却对他们的婚姻满意度并无影响。总的来说，女人远比男人擅长在情感讨论中保持眼神交流。男人在"关系"话题上相对的不安，说明他们对妻子在情感讨论时转过身去的举动并不那么敏感，而且也不会把这样的举动当作紧闭心扉的表现。

弗洛拉和赛格里恩也发现，当妻子说得比丈夫多时，那这对夫妇的婚姻满意度比那些在讨论中交流量持平的夫妻相对要低。女人在谈论夫妻关系问题上有个基本优势，即她们在这些问题上显得更自然，经验也更多。在妻子或女友掌控着整个对话局面时，一些男人往往容易感到沮丧或崩溃，觉得自己争不过她们，落了下风。在谈论中，当原本保持着良好眼神交流的男人的眼神开始游离时，妻子就应该提醒自己——需要让他讲些话了。

保持眼神接触和双方谈话次数平衡列在情感改良剂的首位，

而提高这些能力并不难，这对广大夫妻来说是个福音。这一简单的微调会即刻给他们的讨论带来积极的影响，也对他们的整体关系极为有益。

简单来说，男人应该在妻子或女友抱怨时看着她们，哪怕做起来有些困难或者感觉不舒服。女人应该和男人保持相同的话语输出量，不管她们丈夫平时的话多还是话少，如果他们的话语过于简明扼要，那么女人应该平衡一下，以顾及丈夫的最低话语输出量。众所周知，女人在生活中可以偶尔适当地出让一些话语权。

保持眼神接触的好处之一便是，它可以让我们知道对方是否会突然抑制不住痛哭流涕。我们讨论没过几分钟，伊登就泪如泉涌。哈维当时马上通过了我的"面巾纸盒测试"。大多数咨询师都会在他们的咖啡桌或办公边桌上放一盒纸巾，而我放了两盒，椅子的两边各有一盒。在讨论过程中，总会有人流泪（有时是丈夫在哭，有时是妻子，也有时候两个人都落泪了）。观察夫妇二人如何应对另一方的哭泣，能给我提供很重要的信息。一些人会靠向他们的伴侣，把一只手搭在对方肩上，抚摸对方的膝盖或后颈，或是递上一盒纸巾（这便是我在两边都放上纸巾的原因）。上面的这些举动足以通过面巾纸盒测试。这些行为展示的是同情、参与、基本关心，以及当伴侣需要支持时他们将自己的个人感情暂时置后的能力。

正如缺乏同情给夫妻关系的持久性敲响了警钟一样，对伴侣的情绪困扰表示出真诚的关心和同情，传递了相反的信息——超越了眼前的不满和怨恨的真切关怀。这种本能行为（尤其在讨论抱怨问题时）排在关系改善剂的第二位。

排在第三位的，是用趣事来抵消抱怨以及用幽默让事情变轻松的努力。我用"垫子战"跟米莱尔和查德开了个玩笑，来看看他们在紧张的时候能否将关注点稍稍转移到更轻松的地方——可是他们并没有这样。但在争得不可开交、硝烟弥漫时，依然有一些夫妻是能够做到这点的。当伊登和哈维这对夫妻中断了他们的话题时，我有机会来看看他们是否具备这样的灵活性。老实说，我这样做完全是出于必要。因为在看着他们的扎染 T 恤超过三十分钟后，我因为颜色撞击而晕头转向了。我不知道头痛是不是会先于他们的问题爆发出来。

"我没法不注意到你们的 T 恤。"我说，眼睛仍还在不受控制地眨巴。哈维和伊登两人立即放松了下来，开始讨论他们对感恩而死乐队（Grateful Dead）的痴迷。他们是在这个乐队的一场音乐会上邂逅的，而且至今也还有一些定期聚在一起的"感恩而死"的铁杆粉丝朋友。"其实，我们俩昨晚还伴随着'感恩而死'的歌跳了舞呢。"伊登向我交代道。

"我们希望小乔纳森学着习惯爸爸和妈妈在外面跳摇滚。"哈维补充了一句，"而且，我们认为这是一个缓解压力的好办法。"

"那你认为昨晚的压力是关于什么的呢？"我若有所思地问道。

"当然是关于来这里的事啊。"伊登回答道，把显而易见的事实说了出来。我像个智者一样，点了点头，极力掩盖我的问题有多愚蠢。正如我所言，当时我的事业才刚起步而已。虽然还不够老练，但我依然很快识别出来，共舞正是他们能够在一起娱乐的表现。哈维和伊登也在努力尝试给他们严肃的抱怨话题中加入一些轻松的元素，这样可以使他们的谈话不至于变得太消极。

玩笑对于家庭治疗来说可能是看起来没什么价值的话题，但一起娱乐、创造轻松时刻对夫妻来说是极为重要的。我发现自己处理这个问题的频率远远超过我的预期。当夫妻关系开始陷入麻烦时，他们最常忽略的一点便是一起娱乐。我们把"处理关系问题"想象成一坐数小时，就双方的怨言和问题进行激烈的交谈与沟通，很快忘掉了和伴侣一起犯傻、大笑、游戏和闹着玩儿有多么重要。好吧，闹着玩儿可能不是每个人都喜欢的，可是大笑、游戏甚至是犯傻应该是每个人都偶尔需要的。

能一起开心玩耍并让对方舒展笑颜，对改善关系有重大的意义。尤其在接受咨询时，那些即使互有怨言却仍能创造轻松时刻的伴侣们，在遇到大风大浪时，也能在危险的海域上勇敢地航行。人们总在开始夫妻关系咨询时感到紧张，这时，幽默便能很好地缓解焦虑，对那些相处时喜欢开玩笑的伴侣来说尤其如此。

就比如几年前，一对极引人注目的夫妻来我这里咨询，他们不到30岁。我对他们不了解，所以还是照常问了我的开场问题："告诉我你们来这儿咨询的原因吧。"

年轻丈夫深呼了一口气，把一只手啪一声搭在妻子的膝盖上，然后用极严肃的口气说道："呃，医生，我妻子她很爱说话！"

一脸无辜的妻子脸上泛出深红，随即用肘部顶了丈夫的肋部一下，与此同时，还大笑出声。

"只是开个玩笑！"丈夫解释道，一边说一边和妻子笑着。

"他一紧张就会蹦出这类笑话来。"他的妻子加了一句，然后再次用肘开玩笑地顶了丈夫一下，让他注意自己的行为举止。我们都很愉快，并很快进入正题。

我们做过大量的研究，调查幽默对夫妻关系的作用，以及它和婚姻满意度之间的关系。但这些研究仍没有盖棺定论。幽默可以分很多种（如自谦型和进攻型的），而玩笑是否确实有趣，是否选对了时机，是否适宜该场合等其他因素，也对夫妻关系起着很关键的作用。因此，成功地用幽默来打破紧张时刻的关键，就在于分清在什么情况下不应该开玩笑。不管怎样，如果一对夫妻能在一起随心欢笑，通常也就能用幽默的方式来抵御和缓解婚姻生活中遇到的压力。

虽然幽默和玩笑很重要，夫妻之间也没有必要用玩笑充塞所有对话。有些夫妻在接受咨询之前已经在他们的问题上花了不少时间和努力，但是没有获得成功。因此，不管谈论什么话题，他们的对话和态度通常都剑拔弩张。当我问这类严肃的夫妻用什么方式来放松和娱乐时，他们总是用迟疑的眼光看着我，心里不明白这些娱乐和他们现在的问题有什么关系。

一起娱乐除了能让生活更愉快之外，最重要的是它能通过提醒我们和伴侣拥有的感情基础来平衡双方的抱怨交谈。夫妻间的感情基础愈坚实，婚姻关系也就愈牢固，就像伊登和哈维在开始咨询的头一天晚上还共舞一样。任何有坚实感情基础的夫妇，在面对关系重组和协商之时，都可以用诸如此类的方式，去缓解或抵消他们在处理抱怨时的压力。拥有坚实的感情基础，是夫妻能保持长久关系的征兆之一，它排在关系改良剂的第四位。

倘若感情和快乐都已让位于生活的种种需求和挑战，通常我们可以采取措施来弥补这种不平衡。我们可以用心回顾过去的感情。腾出时间来重温感情，对我们自己以及我们的关系都有重要作用。如果恋爱时我们享受在一起的时光，那我们也可以努力将那段美好延续到夫妻关系中去。即使面对为人父母和养家糊口的压力，我们也还是可以腾出时间来，细细品味过去在一起欢笑的日子。

有一种方法可以帮助夫妻双方做到这一点，那便是共享彼此都热衷的事情，就像哈维和伊登对感恩而死乐队的痴迷一样。与伴侣共享某种或多种喜好，能够不停地提醒我们双方仍然是同心的，而且也会增强我们作为搭档和夫妻的意识。参加共同为之狂热的乐队音乐会的每一次激动与期待，因共同喜爱的运动队员在大型比赛中的胜负而开心或伤心哭泣，或是当最喜欢的参赛者离开比赛时一起坐在电视机前哀叹和狂叫——这些共同的情感经历都能把我们紧紧地联结在一起。诸如此类的强烈情感，不管是失

如果恋爱时我们享受在一起的时光，那我们也可以努力将那段美好延续到夫妻关系中去。即使面对为人父母和养家糊口的压力，我们也还是可以腾出时间来，细细品味过去在一起欢笑的日子。

望抑或是狂喜，总能让我们的心更靠近彼此。这些经历也会成为调节我们抱怨谈话和关系僵局的有效动力。因此，拥有共同的激情排在关系改良剂的第五位。

有一次，我问一对结婚已有 40 年的夫妻，他们婚姻中最美好的记忆是什么，他们异口同声回答道："1986 年纽约大都会队在职业棒球赛中获胜。"在这些年的婚姻生活中，他们一起观看了数千场比赛。看到最喜欢的棒球队在比赛中获得最高奖项，比婚礼更能让他们的心紧密相连。不论是共同热衷于一项运动比赛，还是对某一政坛候选者的信任，或是对日播肥皂剧的痴迷，又或是对观察稀有鸟类的爱好，拥有共同的喜好和记忆深刻的共同经历，不仅能加强我们的友情和夫妻感情，也可以让我们的关系免受疏远和离婚的威胁。

一些夫妻的共同乐趣在于保持双方都高度满意的性生活，即便在夫妻关系极为紧张的时候也是如此。没有满意的性生活并不一定会影响婚姻的持久，而很多拥有满意的性生活的夫妻，通常也不见得对他们的婚姻生活满意。然而，通常情况下，拥有充满激情的性生活，可以在夫妻面对婚姻压力和冲突时起到缓冲作用。

不幸婚姻的终结者

米莱尔和查德对所有这些缓解因素都无动于衷。不难想象，他们的性生活肯定也是一团糟。眼下他们之间既缺乏浪漫，也不够亲密（而这些正是我希望通过咨询帮到他们的）。经过岁月的洗礼，一些夫妻可能开始对对方"过敏"，而米莱尔和查德正是个极好的例子。除非他们都愿意为对方改变，否则我几乎帮不上什么忙。

我提供了自己的建议，首先让他们意识到他们的婚姻已岌岌可危。进一步地我给出一些细节，强调如果想解决问题的话，至少还有 95% 的工作需要他们自己在家里共同完成。

然而，我希望以稍微温和的语气结束谈话，也看看到底能否打破他们心里的防线和芥蒂。我开始说："查德，你觉得米莱尔对你太挑剔、太严厉了，她的确如此。"

"而你，"在米莱尔对这句话进行反驳之前，我立马接着说，"觉得查德太无能、冷淡、无法接近，他也的确如此。但你们俩谁比谁更有理早已不重要了。在我看来，你们都一样痛苦。当然，某些时候，你们中的一个可能会比另一个更痛苦些，但最终还是一样的。你们俩都觉得自己被对方忽视了，都得不到对方的爱，你们都是受伤者。长此以往，这场战争不会停止。"

我知道这些话引起了他们的注意。现在我需要让他们开始我的治疗计划，而唯一能让他们去实施的便是希望。

"你们要改变几乎所有的沟通方式，这并不需要去创造，只要回到你们最初开始约会时对对方的关注和关心便可，"我在此示意他们要多照顾对方，"一起谈谈，试一下，一起制定出一个解决办法，要怎样一起走下去。"

我不得不引导查德在说话之前和米莱尔保持眼神接触。而米莱尔一开始说话，他便把头别了过去。我坚持让查德在他妻子讲话时面向她。查德感到极不自然，最终还是屈服了。这时的他表情阴冷，显得极其严肃。米莱尔的双唇一抿，"扑哧"一声笑了出来。

"我不习惯在讲话时他盯着我看！"她坚持道，一脸尴尬。

我指着查德和米莱尔说："好，但你跟查德说，不要跟我说。"米莱尔再次转向查德，她开始讲话，哼着鼻子开始大笑。查德也没法再严肃下去了。他禁不住笑起来，很快，他们俩都歇斯底里地笑了起来。我决定就此结束这次诊疗，这样的谈话结果可以算得上相对积极。我也不想再绞尽脑汁继续那些尖锐的话题了。

他们在三个月后就离婚了。

从现实的角度来看，离婚对他们来说可能是最好的选择。分开可以让米莱尔和查德在漫长的岁月里舔舐各自的伤口，让他们重拾自尊心。夫妻之间无效而失败的抱怨会给双方留下很深的情感和心理伤疤。它们不是无缘无故被称为婚姻启示录的骑士的。

如何对青少年抱怨

艾斯莉15岁那年，她爸爸埃略特在她的牛仔裤后袋里搜出一包很小的铜网，这是常见的吸毒工具。在这之前一天，艾斯莉在她最要好的朋友多娜家里过了一夜。作为出生在70年代的人，埃略特清楚地知道那是什么东西。他打算在早饭后质问艾斯莉，可她早有自己的安排："爸爸，多娜下周末有个聚会，我可以去吗？"

埃略特压根儿没听艾斯莉的问题。他坐到艾斯莉的身边，平静却坚定地问道："你什么时候开始抽的？"

艾斯莉吃惊地瞪大了双眼："什么意思啊，我从没有抽过啊！"

埃略特从口袋里掏出铜网，把它们高高举起，就像在法庭上展示他的第一证物一样。

艾斯莉一头雾水："那是什么？"

"在你牛仔裤里找出来的，你自己说是什么！"埃略特质问道。

"你翻我的牛仔裤了吗？"此时，艾斯莉已是泪流满面，"你怎么可以翻我的裤子！况且我从没有见过那些东西，肯定是谁不小心把它放进去的！"

"你少来了！"埃略特气急败坏地喊道。

"我们的牛仔裤都是一样的！"艾斯莉反驳着。

"在你告诉我实话前哪儿也别想去，"埃略特向她宣布，"把你的手机交出来，在你告诉我这到底是怎么一回事前，不准看电视，也不准听歌、玩游戏，所以你最好快点交代清楚！"

"随便你！"艾斯莉尖声叫道，"我讨厌你！你觉得这句话够了吗？我恨死你了！"艾斯莉说完便冲出厨房，跑进房间，"哐"地把房门甩上了。

正如埃略特在我们第二次诊疗时说的一样："我估计事情会变得很糟糕！"

事实上，事情还真是不妙。埃略特还是不甘放弃，那天早晨迟些时候，他便和艾斯莉的另一个爸爸——也就是埃略特的同性恋伴侣米奇一起在她房间外守着。两个男人都冷静理智地跟她讲道理，可艾斯莉满口嘟嘟囔囔，语气愤怒。他们的"对话"持续了二十多分钟。毫无疑问，根本没有什么效果。

亲子关系中的"要求/退缩"沟通模式

青少年的心里内置了两道坚固的防护墙，用以抵挡父母的牢骚。面对责备，他们要么怒火爆发，要么就在心里蒙上一层偏见。这两种反应都不能被忽视，它们都给父母提供了信息，暗示和孩子之间的谈话已经偏离了轨道而不再有效了。这时我们的最佳选择，就是停止对他们的责骂。

对父母来说，最难的事情莫过于让我们的责备起作用，让孩子及时把我们的抱怨听进去。

大多数的父母在面对孩子的愤怒回应时，会等他们冷静一点了再用与之前完全一样的话继续教育他们。可想而知，一开口，孩子又开始生气了。我们对那些蒙上了偏见的孩子则予以更多更"持之以恒"的抱怨。但是很可惜，这不会带来任何不同。这两种对待孩子的策略，只会让他们逃避而已。我们对孩子的责备、关护越多，他们的反应就会越少。他们的反应越少，我们自然更努力地去尝试，而这样做只会使沟通变得更难。大多数父母对这一恶性循环都深有体会，可他们还是频繁地踏入这个泥潭。

对孩子不停地抱怨、纠缠、责骂和喋喋不休，而他们却在努力避开和我们的谈话、忽略我们的责备，这种情况称为"要求／退缩"沟通，这也是父母在抱怨时最常犯的错误。"要求／退缩"沟通模式并不仅限于父母和孩子的交流中，也存在于其他各种不同关系中。这种交流方式不仅毫无意义，也存在明显的破坏性。交流双方都会因此受到伤害，他们之间的关系也会因此受到威胁。

广泛的研究调查已表明，父母和孩子之间的冲突与孩子们相对较差的自尊心有联系。一项样本面积更广的调查指出，青少年自尊心不强，会让他们做出更多的危险行为，也会增加他们使用毒品和酒精的概率。现在有很多研究都表明："要求／退缩"沟通和青少年滥用毒品有着直接的关系。

2004年，伊利诺伊大学厄巴纳－香槟分校的约翰·考格林（John Caughlin）和西北大学的蕾切尔·马里斯（Rachel Malis）研究了在父母和孩子之间"要求／退缩"沟通的动态，以及这一动态和青少年的自尊心、吸毒以及酗酒的关系。他们让父母和孩子结对来谈论对他们各自重要的话题。他们发现，对于那些出现了"要求／退缩"沟通模式的父母和青少年，他们的总体自尊心都比那些"要求／退缩"趋向较不明显的组合更低。换句话说，对于那些围绕抱怨责备的无效沟通，父母和青少年都付出了一样的代价，表现在他们不良的情绪健康上。

另外，他们还发现，在和父母沟通中，那些频繁陷入"要求／退缩"模式的青少年远比那些较少陷入这种机制的青少年更容易吸毒和酗酒。对于埃略特和米奇这些父母来说，其中隐含的东西更加复杂。一旦"要求／退缩"模式站稳了脚跟，我们就很难改变它了。有时甚至在沟通开始之前，这一动态所涉及的双方就自动认准了自己的立场。在一个随意的聊天开始出现"议程"的意味时，孩子们就已做好准备要退缩了。而父母们一看到孩子想退缩的迹象时，也准备好穷追不舍，继续错误地执行他们的教育任务了。

维持良好沟通的"二八原则"

尽管"要求/退缩"的抱怨模式明显对沟通没有什么效果，但大多数人却很可能沦为这一模式的牺牲品。这一模式如此具有破坏性，是因为尽管知道和孩子们的沟通已经徒劳无益，我们还是会视若无睹地继续下去。事实上，很多人只是在问题出现时不知道如何去应对而已。正如埃略特辩解道："如果她不打算回答我的话，也许至少她迟点会考虑一下我说的话。"虽然事实已明摆着并非如此，父母仍会坚持抱有这种错误的希望。

问题是，当父母陷入与孩子的冲突中时，要怎样去结束它，从而进入到一种有益的谈话状态呢？另一项2004年的研究发现给我们提供了一些可行的解决方法。这些研究人员发现，当青少年想要谈论一些对他们来说重要的话题时，父母总是在考虑那些次要的问题而偏离了谈话。同样的道理，当谈论的话题对父母来说很重要的时候，孩子们也一样会避开和父母的谈话。换句话讲，父母和孩子们之间的"要求/退缩"通常是双向运行的。这时候，我们可以做一些改变，即避免忽略或弱化那些对孩子们而言重要的话题。如果我们想让孩子们考虑我们的想法，我们同样得先重视他们所关心的事情。

当埃略特忽略艾斯莉参加朋友聚会的请求时，他向她传达了这么一个信息：拒绝参与沟通的行为是可以接受的。他本该先考虑艾斯莉关于聚会的请求，这样做的话，就可以顺理成章地把话题引向毒品和酒精了。

先讨论那些对我们不那么紧急但对于孩子来说却很重要的话题，通常可以将他们引向我们要讨论的话题，而这些话题在其他情况下是很难开启的。其实，我们要避开"要求／退缩"模式，可行的基本措施是：可以先在一些小的、争论较少的话题上和孩子们达成有建设性的对话。这样做可以形成一种解决问题的惯例。所以当我们需要讨论那些更严肃的问题时，便可以按照之前的做法去处理。

其次，当我们确实需要讨论那些严肃的话题，诸如毒品、性、社交行为或学术问题时，应尽可能用中立的态度去看待它们。青春期的孩子特别敏感，他们可以远远地看出"议程式"交流的苗头。我们的目标应该是：在和他们谈这些的时候点到为止，抱怨内容尽量不要过半。在引入我们自己的信念、要求、标准时，应该倾听并了解他们在这些问题上的想法和感受。总而言之，我们应当成为青少年的倾听者。我们应当学会如何一步一个脚印地在心理上靠近他们，而在踏出另一步之前，让他们自己也跨出一步。

埃略特和米奇，以及其他青少年的父母，都应该减少对孩子的责备和抱怨，不要在无效的事情上浪费精力。我们和孩子们交流时有一条简单的经验法则：我们80%的时候应该和孩子们积极或中立地交流，只留20%的时间给命令或抱怨。如果我们总是给孩子们各种指令（比如说，来吃晚餐，该去睡觉了，不要再看电视节目，小心那个破了的花瓶，等等），孩子们的脑海里已没办法容纳更多的抱怨了，那我们就不应该再去抱怨。

男性间的友谊：无声胜有声

如果说与孩子沟通时我们要审慎地对抱怨做出取舍的话，在需要向朋友抱怨时，更需要这样的明断能力。男人和女人在处理各自的友谊时态度截然不同。在抱怨或是处理朋友间分歧的谈话上，女性和男性可谓是天差地别。

卡洛斯是一个50岁的工程师，在他50岁的生日聚会上，他的童年老友劳尔没有来参加，为此他极度沮丧。而卡洛斯的老伴玛利亚也很沮丧，因为那之前她为了给丈夫准备一个愉快惊喜的聚会而做出了很大努力。先前劳尔向玛利亚保证过，他会很乐意驱车三小时到他们温切斯特的家，并一定会为了卡洛斯准时到达那里。可劳尔，这个一贯迟到的老家伙，又错误地安排了日程，完全错过了老友的聚会了。

玛利亚坚信，卡洛斯一回到家准会打电话告诉劳尔他心里有多难受。可几天过去，卡洛斯仍没有告诉劳尔他内心的沮丧。玛利亚决定把这个问题搬到他们的夫妻诊疗谈话上来。

"干脆给劳尔一个电话，告诉他你的感受。"玛利亚向他丈夫提示道，"和他谈一下。你们是好朋友，你只需要打开天窗说亮话。"

"月底我会和他说的。"卡洛斯回答。因为过几周，他和劳尔每年的垂钓旅行就要到了。尽管从聚会那天起他俩都没和对方说过话，但卡洛斯深信劳尔一定会一如既往地遵守这个惯例。十多年来，他们从来没有错过任何一次垂钓旅行。

"为什么要等那么久？"玛利亚坚持道，"他是你最好的朋友，你有什么烦恼的事情可以和最好的朋友说，这是理所当然的。"

"我会跟他讲的。"卡洛斯向玛利亚保证，"等我们去钓鱼的时候会说的。"

月底，两个老朋友见面了。第一天他们在小木屋里为第二天的事情忙活了一阵子，太阳刚下山不久就去睡觉了，俩人连半句话都没说。天一破晓，他们双双拿了钓鱼竿径直走向溪边，在那儿又待了四个小时。等到他们要收竿返回小木屋的时候，卡洛斯开始犹豫到底是等劳尔引出这个话题，还是干脆自己亲口提出来。最终，在他们收拾好要打道回府的时候……卡洛斯决定把怨言说出来，明确一下这份长久友谊出现的裂缝。

"上个月的时候……"卡洛斯压低声音说，这样就不会把鱼给吓走。

"伙计，那是因为……"劳尔摇了摇头，声音逐渐减弱。

"嗯。"卡洛斯强调了一声。

劳尔转头迅速地瞥了卡洛斯一眼。这一瞥没多久，只是瞬间而已，对此后来卡洛斯在他的谈话中详细讲过。

"那只是……"劳尔耸了耸肩，音调又一次慢慢减弱。他转过身再瞥了卡洛斯一眼。卡洛斯的目光和他对上了，点了点头。

劳尔呼了口气问道："我们是朋友，对吧？"

"对。"卡洛斯松了口气，说道，"我们是好朋友。"

"事情进行得还可以。"在咨询中，卡洛斯描述了整个交流过程后总结道，"说出来后感觉挺好的。"

玛利亚瞪了她丈夫一眼，心里很是烦闷，"你说笑吧，卡洛斯？这个大会谈就只到这个程度？"卡洛斯毫不迟疑地点了点头。

玛利亚恼怒地转向我说："他们几乎没讲到两句话！"

"对呀。"我赞同了她的说法，"但这个过程也有相当多的潜台词和非言语交流。单纯从说话的量来看，确实微乎其微，可是从整体上来说，每一个字都包含了关于他们友谊的至关重要的信息。"

"那是真诚的歉意。"卡洛斯同意地说道。

玛利亚转身面向她丈夫："你那晚有多失望，还记得吗？你真觉得他有向你道歉吗？"

"当然，他对那件事也感到很难过。"卡洛斯说，不明白对自己而言如此明摆着的事实，他的妻子怎么就不理解，"但是我们讲清楚了，我们之间一切都好，真的。"

"好吧。"玛利亚坐回位子，眨了眨眼，叹着气说，"你们男人真让我抓狂。"

正因为男性和女性在看待友谊问题上存在如此大的差异，他们解决冲突和处理抱怨的方式也大有不同。比起女人，男人在这个问题上通常言语交流会少得多（其实，在友谊冲突明显转化成一种"关系问题"时，大多数男人都可能会退缩）。

当男人将他们的"老伙计"描述成关心、支持自己并愿意聆听的时候，他们通常考虑的是和朋友在团体活动中所表现的亲密感。在这些活动中，他们可以敞露心扉，享受亲密的时刻。这就如垂钓这一活动给卡洛斯和劳尔所带来的亲密感一样。对男人来说，与男性朋友形成友情、分享快乐以及解决冲突的机会，大多情况下是在这类肩并肩的活动中形成的，比方说一起在高尔夫球场打球，在后院里烧烤，以及在野营地里坐到篝火熄灭。

既然男性间的友谊较偏向于活动指向型而非言语指向型，那么，当一个男人向他的男性朋友抱怨时，就应该采取和他们的交流状态最一致的方式。卡洛斯和劳尔是最好的朋友，并不是最优秀的谈判家。他们能够快刀斩乱麻地谈论他们的抱怨，因为这符合他们平常交流的习惯。如果男性间的交流倾向于话语偏多乃至滔滔不绝，他们在抱怨时，也应该用相应的模式去抱怨，还需采用更好的表述方式——别忘了抱怨三明治。男人们不愿经历抱怨谈话和人际关系谈话中的尴尬，可以通过采用抱怨三明治的方式去克服，把情感伤害降到最低。再者，男人对在冲突中丢面子这类事情极度敏感。那么，使用抱怨三明治，可以把抱怨夹在积极和安慰的言语中表达出来，从而缓和抱怨中责备和不赞同的语气。

我听过一个20岁的大学生描述他对一个室友的抱怨，那是我听过的最简短的男性抱怨三明治例子。那时他正和另一个室友发生争执，而这个室友却没有站在他这一边。这个年轻的男孩把所有的抱怨三明治都压缩在一句简短的话中："你是我哥们儿，站到我这边来，我们是好兄弟。"这也许不是最令人震撼的抱怨方式，但却很有效。

女性间的友谊：抱怨不嫌多

独角戏剧的男女演员对所有事物的看法几乎都不一致，他们各自站在自己性别的立场上去看待这个世界。他们抒发各自对生活的不同看法和见解，这也是他们的谋生手段。但男性和女性在对待友谊问题上的差别几乎是所有男女喜剧演员们都一致同意的。

卡罗尔·希斯肯在谈论女性间友谊时，对那些在场的男性观众发表了她的观点。她指出："你们男人间的友谊比我们女人更深？想想看，男性朋友间的友谊有持续数年的，你们知道为什么吗？因为你们之间根本不交谈！"

迈克·雅德也对他的女性观众表达了与此相似的观点："女性朋友对双方的一切都了如指掌，她们谈论那些亲密的话题。作为男同胞，我们根本做不到那样，我们的友谊是相对肤浅的。我有一些认识15年的老朋友，可我甚至都不知道他们的真名。"

事实上，女人间的友谊通常更有渗透力，也较偏向于言语交流，这些是女性友谊的显著特征。和男人相比，女性朋友之间对话时，会使用更富有感情色彩的语言，而且感情交流的内容也更深、更广。与此相反的正是典型的男性间的友谊。很明显，当女人们和同性朋友谈论抱怨时，她们与生俱来并久经锻炼的能力使她们比男性朋友更胜一筹。

2009年，密歇根大学的一项研究表明，让女人在短短的20分钟时间里向另一个完全陌生的女人诉说私事，她们所表现出来的情感亲密程度令人惊叹。与她们参与的另一项情感色彩较中性的任务相比，她们的黄体酮（荷尔蒙）释放量大大增加。黄体酮数量的增加又提升了女人们的情感满意度，并减少了她们的焦虑和压力。

对女人而言，使用更精妙、更丰富的语言表达可以使交流间的细微差别体现得更为明显。比起男人，女人在交际和友谊中会使用更为娴熟而尖锐的对话方式。因此，她们需要更加小心谨慎地去运用这些方式。当抱怨双方都觉得抱怨听起来很刺耳而难以接受时，运用抱怨三明治能在最大程度上弥补抱怨所带来的破坏痕迹。

男人只需要一两个回合就能结束他们的"友谊抱怨谈话"，而女人通常需要反复多次才能搞定一个抱怨。因此，女人在表达不满时会更加谨慎地措辞。在进行这类谈话时，她们似乎也更擅长驾驭那些对友谊起关键作用的信息。尽管如此，女人可能还是习惯花更多的时间在她们的"抱怨谈话"上，这样做可以一定程度上抵消她们的不满情绪。当然，抱怨过量的时候，即使是有建设性的抱怨，也有可能会为彼此的友情蒙上一层更趋向冲突和对应的色彩，而非分享与支持。

如何消化亲友的抱怨

既然我们知道如何向我们爱的人抱怨，我们也应该花点时间想想，要以什么方式去回应他们的抱怨。当听到抱怨时，我们会本能地像受到了攻击一样去应对。这种反应有明显的进化优势，因为在文明程度较低的年代里，抱怨往往可能会被视为侵犯实际利益的一种先兆。例如："嘿，你穿的是我的毛皮大衣！"这种抱怨带来的绝对不是一连串关于对别人财产的尊重以及因财产受到情感伤害的深入谈话。

尽管我们的自卫本能都还存留在体内，当所爱的人给我们送上一个抱怨三明治时，我们还是应该做三件事情去正确地消化它，不管这个抱怨是不是夹在面包里。假设你刚陪你的配偶和他的大学室友及其爱人吃完饭，刚走出餐厅的门，你的配偶就转向你，生气地说："你整个晚上都在捣鼓你的黑莓手机，这对我的朋友多无礼，我都快气死了！"这时，最正确的回应方式应该是怎样的呢？

如果我们确实在没什么重要事情的情况下在手机上花费了太多时间，一个及时而真诚的道歉就再合适不过了。但如果情况并非如此呢？我们可能急于解释家里新来的保姆没经验，没有自己照看过孩子，所以得跟她确认很多事。让我们分心的事情是两个孩子第二天都有考试，他们应该复习功课，但是保姆说他们不肯这么做。所以，我们发信息只是为了让孩子赶紧去读书。我们也希望更充分地享受晚餐和那晚的一切，但是想到这样对方也就能有更多机会和他们的老室友重温过去，还以为自己很大方，考虑也很周到了呢。

或许这些反驳完全可以平息对方的抱怨，让他们哑口无言，但我们还是应该让他们把事情说完，而不要急于打断他们。没错，将这些说服力极强的应答在一时间内整理清楚并不那么容易，但与其在感觉自己受到攻击时本能地采取自卫措施，不如让我们耐心点儿把胜利留到最后，这样反而事半功倍。

要记住一点，对方抱怨是因为生气、懊恼或是失望，中途打断他们只会让他们更难受。让他们把抱怨说完（只要他们还存有对你的尊重），并把一部分怨气发泄出去，可以让他们更容易冷静下来，之后我们把那些说服力极强的理由说出来，他们才会承认自己的说法不对。他们之所以向我们抱怨，是因为需要发泄情感，让我们知道他们的感受。在这种情况下，我们心里也压着一大堆自己的想法（在我们的好心被当成驴肝肺之后），肯定也想让自己的情绪释放出来。试着去理解对方的压抑心情（尽管我们当即就可以用充分的理由和他们理论），这样他们也许可能会和我们换位思考一下，从而理解我们。

所以，当接过来递给我们的抱怨三明治的时候（耐心听完他们的抱怨之后），第二件该做的事是等待一下，然后表明自己对他们抱怨的理解。在这种情况下，公道站在自己一边，一句简单的"我花太多时间跟保姆沟通家里的事让你不高兴了"就足矣。

除此之外，正确地理解对方的抱怨也是关键的一步，这不仅是给了他们情感验证的第一要素——对他们个人观点的充分理解，也让我们避免在错误的事情上争得面红耳赤。

抱怨被误解的方式很多样，有一些误解在夫妻讨论抱怨时还极其常见。当别人向我们抱怨时，我们可以准确地听到他所说的话，却经常用另一种完全不同的方式去理解他的话和他的想法。比如，我们可能听到伴侣抱怨我们不在乎他的大学室友而忙着摆弄黑莓手机，在这样的情况下很容易引起一场激烈但是毫不相关的口水战——争论谁更支持对方的友情。

我们应该做的第三件事是：我们应该在听到抱怨时承认对方的感受，即使我们认为自己不该对此负责——我们从来没有要伤害他们的意图，抑或是他们误解了我们的本意而感到受伤。承认他们的感受不仅可以满足他们发泄情绪的需要，也可以创造一种公平与尊敬的状态，这对进一步的谈话、和解有很大帮助。

当我们的行为明显不被理解时，承认和接纳对方的感受也会更有挑战。比如，我们用餐中专注于手机，在伴侣看来是对他们的大学室友感到厌烦而表现出来的消极攻击性行为。在这种情况下，我们要求对方理解自己时，依然可以去承认他们的感受。"我知道我这么做不是很礼貌，你感到生气了。只是我要干坐两个小时，听你们回忆大学时的种种经历，聊那些我根本不认识的朋友，完全被排除在你们的谈话之外。你能理解我的感受吗？"

做完这三件事情（认真倾听——准确理解——承认感受）之后，我们便可以胜券在握地反驳他们的抱怨了，只要我们能明确而礼貌地把自己的观点陈述出来。

采取这三个重要步骤，并不代表我们放弃自己的立场。理解和同情对方的感受，并不意味着我们放弃说出自己的想法。正如公司满意地解决顾客的投诉后能更进一步加强他们的忠诚度一样，当处理好朋友或伴侣的抱怨后，我们的关系也会自然而然地得到增强。

第七章
搞定电话另一端的秘诀

Getting Squeaked At for a Living:
The Customer Service Professional

要让客户满意,就给他找点事情做。

——巴斯尔·弗尔蒂《弗尔蒂旅馆》
(*Fawlty Towers*,1975)

几年前，我在一个跨城巴士的公车站排队等车时，一个四十多岁衣装整齐的男人跨出队伍，给他的医疗保险公司打了一通电话。很明显，他的索赔被拒绝了，虽然他受的伤害在保险项目之内。我和站牌边的每个人都听到了整件事情的始末，因为他很大声地和电话另一头的客户服务代表说话，语气中满是不耐烦和居高临下的态度。

"不，你告诉过我，如果我的医生把伤势证明表发给你的话，这就属于被保范围的！"男人大声地朝电话里喊，"不，你告诉过我这能得到赔偿！"他踱着步子，前前后后走动，全然忽略了旁边队伍里的人们。

"这是我第四次跟你说这件事了，你每次都说……不！我在听！是你没在听！你老是跟我说……不！我为什么要小声点？你每次说的都不一致！"男人难得地安静听了一会儿，可没过多久又发作了，"你们这些笨蛋，真不知道自己在做什么！不！你们这些弱智是怎么学会这样做事的！不，我不会再发那张表的，因为我的医生已经发过两次了！"

男人冲电话那头厉声叫道，脖子上的肌肉紧抽到一起："你知不知道自己在说什么鬼话！你只是在那边一直重复同一件事！我告诉过你，他已经发过去两次了……哈，你听好了，跟你自己废话去吧。"

男人烦躁地把手机合上，走回队伍中，一副气呼呼的样子。排队的人们立刻忙了起来，有的装作认真地看前面的路，有的装作在看短信，有的假装整理外衣上的碎屑。当然，我们全都听到了那个男人亢奋的对话，每一个字都听得清清楚楚。对于他的投诉本身，我相信我理解得应该差不多，我也可以推断事情没有如他所愿地得到解决。

从抱怨的有效性层面讲，这样的沟通实际上正是我们的一堂总结课。首先，最明显的一点，是这个人糟糕的脾气、粗鲁的性格和满心的敌意。愤怒的抱怨从根本上来说是无效的。可这个公车站的抱怨狂人却不仅是愤怒而已，他粗鲁、充满敌意，对电话另一头接听投诉的人放肆辱骂。他打电话给客户服务部门是为了寻求帮助，但他却以蔑视的语言传达抱怨，这不会让对方萌生丝毫要帮助他的想法。一边扔下炸弹，一边尖声叫道"笨蛋"、"弱智"，也同样不会让服务人员想要展现他们的无私奉献精神。

但让这个抱怨狂人得不到有效答复的真正原因另有所在——对电话客服中心如何运作的完全误解。我们很多人在致电客服中心、技术支持或销售热线时都碰到过相同的尴尬情况。所有电话都是打给电话客服中心的——这些客服中心都是运作严谨且高度技术化的商业公司。这些公司的服务通常都是从第三方公司外包过来的。2008年，仅美国就有将近两百万的客户服务代表。他们为了扩充规模，把话务中心业务外包给印度以及其他国家。

电话中心职员的任务，是根据特定的规章制度，以及高度细化的步骤来回应顾客的问题。而作为顾客，如果对电话中心的操作没有基本了解，对客服职员的工作范围和权限没有基本的掌握的话，要成功地进行投诉是很困难的。知道如何掌控一个时常让人沮丧、矛盾甚至荒诞的系统，对于我们投诉的结果有决定性的作用。

和电话中心的客服人员通话时经常会出现沟通误差，当我们询问问题时他们偶尔也真的会感到迷惑。我们可能怀疑客服代表故意那么迟钝和不配合。但是大多数情况下，我们这样的想法并不公正。约翰·A.古德曼的调查反复证明了80%的问题归因于公司系统和程序错误，而不是他们的客服人员的过错。

公车站狂人是一个极好的例子。他为解决一个问题而打了四通电话，而这个问题本来是很简单很容易就能得到解决的。可这个公车站狂人却做了一个极不应该的错误总结。他认为电话那一头的电话中心员工对他的问题应该有更多的了解，其实他们掌握的信息并不多。正是他这种错误的想法，在很大程度上造成了他的沮丧，给他急躁的性格火上浇油（本章末尾我们会继续讨论这个公车站狂人的错误认识）。

尽管不是所有人在与电话服务中心打交道时都会变成一个狂人，但是许多人的确都会在这个过程中经历愤怒。只要是打过客服热线的人，都知道这样的经历有多么让人沮丧。目前系统中那些空前复杂的按键菜单，以及照本宣科的接线员都极其令人烦躁，甚至可以让那些最温文尔雅的顾客暴跳如雷。

让人抓狂的电话客服

塞缪尔是一个大型金融机构的高级职员，他曾描述他就银行利息额问题进行投诉时所做的复杂准备工作。只要他一透支，他的活期存款账户里就自动跳出一栏信用透支说明。在一次和家人去度暑假时，他稍微透支了信用卡里的钱，通知单一到，他就把它全额付清了。这之后的第二个月，他又收到一张账单。很明显，他付清透支额前，利息一直在累计。这张新的账单为85美元，塞缪尔马上又把它全额付清。可是，过了一个月，他又收到了一张两美元加上一些零头的通知单。这是上一次85美元的结欠所留下的累计利息。"我每次打开一张结算表，里面都会有一笔新的！"塞缪尔抱怨道。

塞缪尔下定决心要挑战一下这个银行像俄罗斯套娃一样的利息，并像战士准备战斗一样做好准备给银行打投诉电话。等到周末妻子和孩子都出门的时候，他立即穿上他最好的"战服"，在屋子里踱着步子，清清嗓子，就像他即将要参加郡县集市上的演说比赛一样。接着，他又转转自己的脖子，把手指关节掰得咯咯作响。他打电话前做的预备仪式气势十足。一直等到这个高收入的金融界精英觉得自己"整装待发"的时候，他拨通了电话，接听他电话的是那些低收入、只能提供入门级基本服务的客服代表。

我们要经历的第一项电话中心测试，是考验我们手指灵活度的自动化按键菜单。如今，接通人工服务之前都要先经过很多自动菜单。我常常在想，那些像屠夫、摔跤手似的粗壮手指，不知是否可以一个不错地完成这些步骤。我自己常会碰到的窘境是，在听语音按键服务时，因为心里想着抱怨的事情，等到第三个待选菜单时，一分心就按了错误的选择按键，这时马上就听到电话那头说："系统技术不支持，请重按。"

"序列号集中营"是我们碰到的第二个难题。我们国家核武器的发射编码估计都比那些普通的电烤炉的序列号短一些。大多数产品都有由15到20个数字和字母组成的标识码，而且通常都是标注在产品最不显眼的地方——要不就是刻在我们刚安装到墙上的等离子电视机的后面，要不就印在我们刚固定在地板上的足有三吨重的工业洗衣机的底部。

接着，我们又被迫玩起"边等边哼"的游戏了。这也让我们感到厌烦。不知道出于什么原因，似乎美国的每个公司都认定：

唯一能舒缓消费者疲惫、烦躁神经的一首歌就是多莉·帕顿和肯尼·罗杰斯合唱的《溪中小岛》。而每次听这首一成不变的歌曲，隔一分钟就得听到一句被录好插进来的声音，让我们知道他们感谢我们的耐心等待，我们的时间对他们公司来说是多么的重要。我自己最长的等待记录有48分钟，对我来说，这48分钟的等待是一种非人的折磨。估计我是个容易崩溃的人。

当然，接通了人工服务并不意味着麻烦结束了。因为我们要接着面对好几轮"名字游戏"考验。我的姓和名都只有一个音节，然而就这两个简单的音节也会被读错，我可以想象那些名字稍微复杂的人会碰到什么样的尴尬了。几年前，我打电话到戴尔公司技术支持部，接我电话的人没有一次把我的名字拼读正确过。怎么可能连"盖伊"这样一个简单而常见的名字都搞不清楚呢？

那天，我正在打印下午要用的讲座稿子，突然，打印机出现了故障。我抱着极大的希望，拨通了戴尔的免费服务热线。按完了很多个自动菜单按键，听完七次《溪中小岛》后，我终于接通了一个人工服务员，她带着一口浓重的印度腔说：

"欢迎致电戴尔，我是蒂凡尼，今天能为您效劳什么呢？"

"我的打印机出故障了。"

"很抱歉您遇到了麻烦，请问先生贵姓？"

"盖伊·温奇。"

"谢谢，可以称呼您拜伊吗？"

"我希望是盖伊。"

"好的，格伊先生，您需要什么帮助？"

"首先，请听清我的名字，蒂凡尼……我叫盖伊，盖伊·温奇。"

"好的，我很抱歉，先生。戴伊·温奇，是吗？"

"干脆叫我开膛手杰克得了。"

"谁？呃……很抱歉，现在关于您的打印机，我能帮上什么忙呢，温奇先生？"我小声地叹了口气，事情太紧急了，我也没空因为一个不相关的事情和她继续纠缠下去："打印机在运行，可就是不能进纸。"我跟她解释道。

"好的，我看到您的质保单仍有效，温奇先生。现在，我为您转接戴尔公司技术支持部人员。"

"在这之前，请确保我能连接上……喂？"我只能无奈地再次倾听《溪中小岛》。随后，那边传来了大声而急躁的录音："请挂电话，对方系统忙！请稍后再拨！"作为消费者，我们听到这种回馈而没把电话狠狠地砸到墙上或把它踩成碎片，已经是情感抑制的一种奇迹了。我看了看时间，已经很急迫了，只能再打电话给戴尔。

等了20分钟后，一个名为布里尼的印度女人接了电话。她安慰道："这次接通了，温克先生！"接着，她把我的电话成功地转接给一个叫塞巴斯蒂安的技术支持人员。塞巴斯蒂安的英语从语法上来说是让人听不懂的。他说的最连贯的一句话是："韦奇，估计你的打印机坏了。"

从我和塞巴斯蒂安、蒂凡尼和布里尼的电话交流可知，戴尔应该收到了很多投诉。但估计印度需要把技术问题方面的投诉大部分都转回美国，投诉者要解决问题并不容易。

揭开电话客服的面纱

我们最先接通的电话中心工作人员，通常是那些在整个操作流程中工资拿得最少、接受培训最少、最缺乏经验的雇员，他们的权力也往往是最小的。一些员工或许可以独立为我们解决问题，可也有一些（像蒂凡尼）只能把我们的投诉按性质分类后，全部转交给其他部门处理。即便是那些我们认为有可能采取一些措施的员工代表，他们之间也有权限上的巨大差别，在能为我们服务到什么程度上也有很大不同。可问题是，我们在打电话时根本不知道客服代表的确切处理措施或是他们的职权范围。就算他们在交流过程中的某一时刻已经向我们透露了这些信息，我们也很少注意。

比如，那个公车站狂人就一直强调客服代表应负全部责任："你告诉过我这属于被保范围的"、"这是我第四次跟你说这件事了"以及"每次你都说……"好像他电话另一头的人就是之前接他电话的那一个人似的。鉴于他是在向一个大型的国家保险服务公司投诉，显然不可能是这样的。

大多数大型公司都需要很多电话中心来为它们的客户服务，而所有这些中心都有许多员工轮换交替工作。两次电话能被同一个客服代表接到的概率是很小的。那么理所当然，我们就不能保证接我们电话的那个人知道我们之前的电话投诉记录了。可公车站狂人明显地奢望接他电话的那个客服人员对他的问题了如指掌，其实之前和他交流过的员工完全可能身处另一个州，甚至是另一个国家。

公车站狂人也同样不知道，电话中心员工是必须遵循事先写好的稿子来处理我们的投诉的。他们电脑屏幕上的细项很确切地告诉他们该说什么话和该做什么事。在很多情况下，他们甚至是逐字逐句地照着稿子念的。问题是，我们的抱怨投诉并非总是和他们预先规定的文稿相契合。万一碰到这种情况，交谈可能在相当短的时间内结束。

电话中心员工过度死板地照着稿子办事，会让我们觉得他们思维混乱、办事无能或是单纯的愚钝。如果我们发现自己绞尽脑汁也理不清接线员回馈的混乱信息，这往往就是他们照稿子念的一种征兆。这时候，我们就该礼貌地打断他们的话，重新明确我们这通电话的中心问题。可以用诸如"请确认一下我们是在讨论同一个问题"和"先让我和你确认一下"等语言，这都是提醒他们不要死板地照本宣科的好方式。

倘若公车站狂人对这些了解得多一点，他是否可以更有效地处理他的投诉电话呢？我们现在知道了一些电话中心操作的流程，那我们自己是否可以更有效地去投诉呢？没错，我们只能决定自己说的话，而不是对方的，但是要从我们这边进行调整，重建整个沟通并不难。

避免化身公车站狂人的电话投诉技巧

让我们审视一下这个公车站狂人最初的攻击性反应："不，你告诉过我，如果我的医生把伤势证明表发给你看，这就属于被保范围！""不，你告诉过我这能得到赔偿！"

很明显，电话中心员工的电脑屏幕上显示的是这次的伤害事件不在受保范围内，而这份不知所踪的表格也许是问题的关键。因此，找出至关重要的表格的去向，才是我们和服务代表沟通的当务之急："我的医生已经第二次把表格发给你们了，你们收到了吗？"

如果他们没有接收到这份表格，我们便需要问清原因："系统显示你们从未收到过这份表格吗？那是上周发送的，会不会它还没有进入你们的系统呢？"

如果到目前为止，它都没在公司的系统里面，我们需要去核实医生是否把表格发送到了正确的地址。在这种情况下，我们就应当询问正确的地址和传真号码，以便确认。

让我们来看看他的第二个攻击性反应："这是我第四次跟你说

这件事了，你每次都说……不！我在听！是你没在听！你老是跟我说……不！我为什么要小声点！你每次说的都不一致！"

让我们假设这个狂人说得没错，他的医生确实已把表格发送到正确的地址了。这时错误就出在保险公司那方。我们就要向他们解释清楚这件事情："谢谢你给的地址，实际上，表格确实是发到这个地址了，而且我们发了不止一次。为此，我已经是第四次就此事致电你们了。每次我们都把表格发到你们提供的地址，可是它就是没有进入你们的系统。对于这个问题，你是否能给我一些解释？我实在不能一直打扰我的医生，再三让他帮我制作和发送表格了。"

如果这么讲，电话代表也许会提出解决办法，可大多情况下他们不会这样做。倘若如此，我们就该请那些权限更高、经验更丰富的人来处理了："呃，很感谢你的服务，但关于这份表，可能是你们那边没有收到，或是路径不对而没有进入你们的系统，但既然你不能就此问题给出建议，那我可以和你的上司谈一谈吗？"

在要求和主管沟通时，如果遭拒，我们应该礼貌而坚定地说："我知道你让我把表格再发一次，可既然我已经按照你们说的发了多次了，依然没有半点用，我想我还是和能给我提供其他选择的人谈一下好了。再次感谢你的努力，可我想和你们的主管沟通一下。"如果我们坚持要和他们的主管沟通，正常情况下，电话中心是不能拒绝这样的要求的，尤其是当我们已经明确了这个电话代表无法解决问题时更是如此。

他们的主管应该可以帮我们找出表格一去不回、凭空消失的原因，并弄清这些已发表格的去向，解开阻止这些表格进入系统的谜团。一旦在这些问题上能有一个主管或经理介入，我们的问题得到有效解决的可能性就会极大地提高。我们也可以向他们询问主管或经理的名字和直达本人的电话号码。这样，等我们再次碰到问题时，就可以直接打电话给他们。

电话客服的八个步骤

有好几次，我有幸经历了技巧顶级的投诉处理，这让我感到难以置信地舒心和满足。打完这些电话后，我的心情由急躁、厌烦，转变成平静和满足，因为我的心几乎被一股情感的暖流占据。那些公司是如何取得这些效果的？其中并没有什么秘密武器。客户服务这门学科绝不是一个新的领域，这个话题曾被彻底地研究过。

对于如何正确处理客户的投诉，有公认且经过实践认证的指导原则。这些原则在大多数情况下都能发挥神奇的作用。可为什么我们对这些指导原则如此陌生呢？可能有一些公司不愿意去探索最有效的抱怨处理办法，但是大多数公司只是没有花时间和必要的培训让员工掌握这些方法而已。因此，很少公司能够有效而快速地解决顾客的投诉。那些能成功做到这点的公司拥有稳固且忠诚的客户，而那些无力或无法做到的公司，会发现自己不停地丧失已拥有的客户群，其流失速度甚至比发掘新顾客还快。事实上，约翰·A.古德曼给公司提出的最重要的建议是："第一次就把事情做好。"

《抱怨是金》（*A Complaint Is a Gift*）的作者贾内尔·巴洛（Janelle Barlow）和克劳斯·穆勒（Claus Moller）归纳了公司在处理投诉时应采取的八大步骤。对任何重视投诉的公司领导或客户服务主管来说，这些信息都是现成且可资利用的。我相信我们应该让公司明确这些具体的标准。

为了做到这点，我列了一份清单带在身上，每次我需要打客户服务热线时，都在通话过程中把清单上客服人员已经做了的步骤勾掉。在观察客服代表服务层次的过程中,我也找到了许多乐趣。我建议大家做一份简短的清单,这样参考时便可一目了然。

客户服务代表在回应我们的投诉时,应当做到以下几点,按优先顺序排列如下:

1. 感谢我们让他们知道我们的投诉,毕竟,我们抽出时间免费为他们反馈信息。

2. 向我们解释要感谢我们反馈的原因。例如,我们的反馈可以帮助他们防止类似的问题出现在其他的顾客身上。

3. 为失误或问题致歉,不管问题是否是他们造成的(也就是说,他们不应该为自己辩解)。但是,他们只能在听完我们的投诉后道歉(否则他们都不知道自己道歉的原因),而且他们的道歉必须和我们所投诉问题的严重性相一致。

4. 为投诉问题负责,并承诺即时处理。

5. 向我们询问必要的信息和细节问题。

6. 立即或在承诺的期限内纠正错误。

7. 通过电话或邮件询问我们对投诉处理的满意度。

8. 确立原则或制度,以免错误再次出现。

我首次用这份清单打投诉电话,观察电话代表如何一步一步做下去时,感到非常有趣。实际上,我确实感到自己更平静了一些,也更理智了。电话代表的沉着、同情和安慰,以及他们的知识和技能水平都令人惊讶,也出乎意料的有效。

约翰·A.古德曼相信,公司应该总是以超出消费者期望的方式,让消费者感到惊喜。这样做的话,他们就能营造出古德曼所称的"消费者惊喜"。"惊喜"的顾客会更为忠诚,而且这些忠诚的顾客会为公司传播相当积极的口碑,这在招募新客源方面的作用非同凡响。可是,尽管"消费者惊喜"很早就被认为是客户服务成功的钥匙,却很少有公司真正用心去力求做到。

当一个服务代表遗漏了太多的步骤,通常是因为他们的公司还没有要求他们采取这些步骤,而不是他们自己刻意为之。因此,对一个按公司意志来处理我们投诉的电话中心员工,如果我们对他妄加指责的话,对他来说就显得不公平了。因为这个原因,我也在训练自己礼貌而耐心地去打投诉电话(哪怕我觉得自己既不想礼貌也没有耐心)。这样我就可以确保我的投诉的有效性,从而获得一个满意的投诉结果。

然而,我必须承认,在我能够有效投诉之前,也经历过一段黑暗时期。我当时就像其他很多顾客一样,把沮丧发泄在无辜的电话中心代表身上(虽然我从没有咒骂或鄙视过电话客服代表们,但我也曾不止一次朝他们大吼大叫)。客户服务代表,尤其是那些电话服务员工,已成为21世纪的受气包了。

为何我们会对客服人员怒吼

吉尔·西是个25岁的小伙子,他在一个电话中心工作。这个电话中心为一家大型手机公司服务。尽管他的故事并不能作为电话中心雇员的典型例子,但他的工作却堪称典型。

吉尔刚出生时是个羸弱的早产儿,仅在他母亲肚子里待了27周。他被亲生父母遗弃,在医院里挣扎了好几个月才幸存下来。早期的挣扎几乎把他变成了一个瞎子,他的左眼完全失明,右眼也仅剩5%的视力。他的一只耳朵彻底失聪,只有一颗肾正常,还有其他一些并发症。吉尔早期的日子是在医院和看护中心度过的。在看护中心,他的日子过得很艰难,甚至时常受到他人的嘲笑。

18岁那年,他自愿参加了一年的国家服务项目,之后便对通信行业情有独钟。现在,他和另外九个男人合住在一个居住中心里,这个居住中心,是专门提供给那些有特殊需求的成年人的。

"在电话中心谋得一职的那天是我一生中最幸福的日子,"吉尔回忆道,"我在外头买了一大堆零食分给住宅区的所有朋友们。一回到家,我就把吃的摆在桌子上,把音乐开到最大音量,以此庆祝那像梦想实现的美好时刻。"

吉尔成了一名销售代表。他的工作是打电话给现有客户,向他们推销保险之类的服务。很多顾客对这种自动找上门的电话很厌烦,有的甚至在挂断电话之前还要诅咒几句。但从我理解的角度来看,那只是少数而已。在和吉尔谈话时,我不清楚他是否有过与带有真正敌意或辱骂性的顾客交流的经历。所以我问了他这个问题。

"哦,什么样的我都经历过。"吉尔肯定地对我说,"我被别人用所有难听的字眼骂过,除此外更有甚者。"我很好奇这个"更有甚者",而这样的例子对吉尔来说简直不胜枚举。

"一次我打给一个顾客,向他介绍我们的保险服务。他似乎对此很有兴趣,想了解更多。于是我向他解释,要更换那些遗失或者破损的家具要花费很多,而我的保险服务可以帮他省下很多钱。他觉得我所说得不错。可等我说明收费时,他似乎对价格感到震惊。我表明自己了解他的担忧,接着和他解释这绝对是个超值服务。可这些反而让他更加生气。他突然用最大嗓门朝我尖叫道:'你肯定是疯了!我保证你会被炒鱿鱼!你这个白痴!你这个狗娘养的!你怎么不去死,得个不治之症什么的!'"

这个人的暴怒让吉尔吓了一大跳。但安慰顾客挽回顾客是吉尔的本职工作,于是他深吸了一口气,用最大的努力回答顾客。

"我尽力让他不要对我大喊,平静地让他不要用那种方式和我说话，可是他还是对我咆哮。我再次叫他冷静些，降低嗓门，不要再骂我了，甚至还叫他把我当个人看待，尊重我的人性。但是，他在挂电话之前还是不停地对我咒骂和威胁。"

我在想，这类满怀敌意、脏话连篇的顾客对吉尔的心情和自尊心会有什么影响。

"自我在这里工作开始，感情就一直受到伤害。"吉尔坦承道，"我是多么希望可以在这里做得出色，我尽了一切努力……全心全意做这份工作……可换来的只是人们对我的尖叫和咒骂……我真的很受伤，在这里工作的人总是哭。"

任何人都难以想象在这样一个频繁受到公众诅咒、遭受解雇威胁或是让公众瞧不起的岗位上工作的情况。让吉尔的工作更复杂的是，他本身曾有被遗弃和遭辱骂的经历，还需要对顾客的敌意逆来顺受。实际上，他不仅要继续和这样的顾客谈话，同时还要保持沉着、耐心的态度，对顾客表示理解。

当遇上辱骂性的投诉者或是高声威胁的公车站狂人时，保持冷静和愉快很不容易。我也遇到过一两个这样的狂人，好在我在精神健康方面受过专业训练，而且我所碰到的这些情况都是在精神病治疗室中，大多数心怀敌意的"狂人"都在轮床上无法动弹或是被保安阻挡住了。有一次，我碰到一个神志不清、有偏执症状的精神分裂症患者，他试图攻击我，说我把猴子的唾液掺到了他的酸奶里。这时虽然我也得保持冷静，但我不必感谢他向我表达忧虑，也不需要在听他怒吼时还表现得亲切或是在此过程中因为同情而去抚慰他。

电话中心是一个有虚拟围栏的地方，员工们被死死地束缚在各自的岗位上，不得不面对一群愤怒的公众，承受消费者所累积的一大堆忧虑和像烂西红柿般的怨言。很不幸，这样做的消费者绝不只有公车站狂人。这么多年，我听过很多原本很友善得体的人对电话中心客服代表使用极具侮辱性和辱骂性的言语。

公众大多都对客服代表怀有敌意，从心理学和社会学角度来说，这是很常见的情况。因为人们在陈述不满时，总难免懊恼地骂骂咧咧。可是换个角度来看，客服代表们只是想尽力做好自己的本职工作而已，他们与我们投诉的问题并无直接因果关系。

研究表明，一个典型的电话中心职员平均每天要处理十个充满敌意的电话。约翰·A.古德曼研究电话中心有好几年了。我向他询问电话中心代表被顾客诅咒、辱骂的频率。

"噢，这样的情况一直在发生啊！"古德曼称，"我们告诉这些员工，大多数人对他们最多只有七个无心的诅咒。所以我们建议他们把听到的诅咒写下来，等到第七个时，大多数顾客都应该发泄完怒气了。"

事情怎么会沦落到这种地步呢？

我们这么容易倾向于贬低客户服务员工，其中一个主要原因是，他们所在的公司造成了我们的悲伤和恼怒，而他们又是这些公司不折不扣的代表。既然我们没法直接和公司的经理、总裁或公司决策层沟通，那么，他们的公务代表就理应成为我们的出气筒了。

再者，投诉交流时对方的名字我们无从得知，也看不到他们的脸，这样，我们也自然缺乏同情或礼貌。这就为塞缪尔在准备打电话时的作战心理留了足够的自由衍生空间。可以肯定，如果我们能直接看到满眼泪水的客户服务代表，大多数人应该会克制自己，不忍心如此残忍。

充满敌意和怒气冲冲的顾客只是困扰吉尔的一个方面而已。电话中心的实际工作环境，就算不是主要的因素，也同样给电话中心的许多员工带来了巨大的挑战。好几年前，我第一次拜访了电话中心，在那里我认识了吉尔和他的同事们。也正是在那里，我第一次尝到了在那样狭窄嘈杂的工作空间里从事电讯活动的滋味。认识到电话中心员工所经历的遭遇后，我很同情他们。因此再向电话中心代表投诉问题时，我便更容易遏制和调节自己的怒气和不满情绪。

重要的是相互理解

为了保证自己能在 5：30 起床，吉尔每天早晨要设三个闹钟。之后他要花上三个小时摸索着前去工作（请记住，他是个法律承认的盲人）。他的工作电脑设在一个宽敞的大厅里，电脑周围还有十几个小小的工位。坐在高处平台上的主管，时不时地通过自动化装置或肉眼监察着吉尔和其他员工的工作情况。通过一个大型的显示屏和屏幕放大软件，吉尔可以一次在屏幕上看到几个字。

吉尔的电脑记录了他在一定的时间内所处理的电话数量、每个电话的通话长度以及他所完成的销售量。每个月，他的主管和经理都要随机抽取这些电话记录，以达到"训练和质量保证的目的"。在一个电话中心，很少有人可以分身离开。如果没有告知主管，他们甚至不能去上厕所——因为他们需要让主管把电脑暂时控制一下，以免在他们回来之前，电脑继续统计他们所接电话的数据信息。

吉尔在和客户讲话时，必须遵循严格的行为准则，要做到亲切、耐心、礼貌，并善于理解顾客。他们之所以被聘用是因为他们具备某些可贵的品质，如"精力充沛"或是"乐观向上"，他们在工作岗位上也往往被要求展现这些品质。"微笑服务"和其他形式的行为规定是他们的"表现规则"。通常，公司在他们应聘时就有严格的要求。

表现规则中可能包括对顾客耐心、善于理解顾客、富有同情心以及无论顾客辱骂到何种程度都能保持沉着冷静等。有些公司甚至要求它们的员工代表展现一些模糊的品质特征，如友善、乐于助人或富有热情。既然公司要求电话中心职员要展现一套情感，可同时这些员工又有自己的另一套情绪，我们也许可以得出结论：公司应该招募那些从表演学校毕业的职员（他们肯定可以完成这种工作）。

电话中心工作的技术要求和表现原则为这项原本便具有挑战性的工作带来了巨大的压力——电话中心职员要一个接一个地处理电话，而与此同时，为了处理订单、将保险单归档、发放偿还单等等，他们还要操作其电话屏幕上一系列烦冗复杂的菜单。一方面要控制和调节他们的情绪和行为反应，一方面又要把工作做到万无一失，这其中所要求的脑力劳动被称为"情绪劳动"。

所有工作都涉及不同程度的情绪劳动。当老板让我们加班到很迟时，没人敢对他大喊大叫。当同事在会议上让我们感到烦躁时，我们也不能咒骂他们。但是，一点也不奇怪，和其他所有的职业相比，电话中心无疑是让人在情绪上最难以驾驭的一个行业。

因此，当我们打电话给那些被围困的电话中心代表并对他们怒吼时，他们要怎样尽力达到表现规则的要求呢？我们都期待电话中心职员去遵循表现规则——控制自己的情绪。他们通常会采取两种控制策略。第一种是"表层扮演策略"，这是一种自我抑制的形式。它包括调控语气或调节面部表情以及掩饰愤怒、沮丧或无聊的情绪，因为这些情绪与公司所要求的表现规则是背道而驰的。第二种策略是"深层扮演"，它是一种情感的重新构造过程。这种策略包括电话中心员工通过专注于有积极意义的信息来调节内心情感，从而让自己从消极情绪中转移注意力，或者改变他们对现状或遭遇的根本态度（如通过同情顾客的压抑）。

我们都知道，使用抑制的方式来掩藏自己的真情实感会干扰我们在认知任务中的表现。但是，电话中心职员在和顾客（敌意的或是非敌意的）沟通时，还必须处理订单、发放保险单、处理偿还单并完成其他的管理任务。倘若一个员工因为慌张、情绪化或注意力不集中而造成很多错误时，便可能会失去这份工作。我们也知道，比起抑制自己的情感，重构自己的感情会比较少地消耗我们的智力资源。但是，当顾客在大喊"你怎么不去死，得个不治之症"时，要实现情感重构就变得很有难度了。总的来说，表现规则与员工的情绪状态差距越大，情感调节就变得越吃力，员工的压力也会越大。

其他一些调查也发现，与可以自主表现的员工相比，那些需要达到更严格的表现规则的员工往往会感到更为压抑，表现出更深层次的精疲力竭，痛苦的日子也更久。严格的表现规则也与慢性高压和精疲力竭相关。换句话说，电话中心职员被卷入了和顾客的战斗中。在这场战斗中，他们装备了表现规则这一极为不利的限制因素，保护盔甲也不够，甚至根本没有。理所当然，他们的情绪创伤与身体伤害就会一直持续下去。

如果有读者好奇大多数人如何能承受在电话中心工作的压力，那么，答案很简单——他们根本没能承受。电话中心员工的平均聘用周期通常保持在18周左右。既然不管怎样都需要一至几个月来培训新职员，那么在员工屈服于情感劳动的压力继而辞职前，公司根本没有足够的时间为员工培训。

在某种程度上，顾客应该为电话中心员工的经验不足和能力缺乏负责，因为我们对待他们的方式是他们没能继续坚持这一岗位的主要原因之一。如果我们能像打非投诉性质的电话一样礼貌地对待电话中心员工，那么电话中心员工的流失率就会小得多。不管我们有无过错，以更好的态度对待客户服务代表，无论如何都对我们有益，因为这样做有助于我们获得一个更满意的抱怨解决方法。

当然，电话中心员工所碰到的困境，并不能完全归咎于我们的过错。这些行业的管理部门以及这些部门所代表的公司都对此负有相当大的责任。为什么这样说呢？因为至少有一个电话中心已经找到一种方法来建立友善的企业文化，有效地缓解了情绪劳动以及有敌意的顾客给员工造成的紧张和压力了。鉴于该公司面临的巨大挑战，他们成功变革培训和管理的方式就更令人印象深刻。尽管每天都面对着挑剔和充满敌意的顾客，他们的员工对自己的工作仍然感到十分满意。

一个天堂般的电话客服中心

截至吉尔坐下来接受采访，他已经在电话中心工作了18个月，而此时他丝毫没有要离开这份工作的意愿。和我谈话的其他几个员工也没有要离开的打算。当被问及他们是否考虑辞职时，一名女员工困惑地抬起头说："谁会想离开天堂？"在客户服务领域，电话中心和天堂这两个词很少会出现在同一个句子里。但话说回来，吉尔所在的电话中心可非同一般。

吉尔的电话中心叫作Call-Yachol（CY），这是一家设在以色列的新兴公司，是该领域在全球第一家只雇佣残障人士的企业。吉尔是这家公司所招聘的其中一名法律承认的盲人，它也招聘大脑麻痹症患者、中风患者、截肢者和半身麻痹症者。另外，它还雇佣那些有智力障碍的人、有创伤应激障碍的人和那些受过创伤和虐待的幸存者。但在他们的工作表现方面，公司绝对不会仁慈地对待他们。他们必须直接和同领域的非残疾员工竞争，应对完全一样的客户群和消费者。

CY的管理哲学混合了管理和培育的原则，通过创造一个独一无二且支持性的工作环境，来激发员工有更好的表现。通过这种模式，CY给员工一种家的感觉，尽管它实质上是属于商业性质的。

CY的所有高层职员都要经过独特的敏感性训练，这样可以让这些高层更深地理解每一种残疾所要面临的挑战。例如，公司主管会被安排一项在满是小数字的纸张上圈出数字"5"的任务。几分钟过后，当压力迫使他们的眼睛感到刺痛时，他们便能更好地明白像吉尔一样的人一旦感到眼睛刺痛时，就需要休息几分钟了。

CY采用的大多数培训策略和管理策略都被认为是公司的商业机密，不过我确实得到了许可，能透露他们"培育管理"的主导原则。这一重要的指导原则可以为他们创造极为有效的培训准则，对接受这些原则指导的人来说非常有效，甚至还能促使他们产生情绪上的巨变。CY强调对员工的支持和培育，同时也期望他们的员工能够达到最高的职业标准。公司强调的这些信息，都已经直接传达给了像吉尔一样被授权的前线代表员工。

CY的员工从他们的经理和主管处得到的关怀和个人投资，在他们与充满敌意的公众沟通前，就已为他们镀上了额外的抵抗层了。结果，人员流失率得以大幅度减小，工作满意度大幅提高。

"这里对我来说就像是一个家，"吉尔诚挚地说道，"最近当顾客骂我是狗娘养的时候，我都不在乎了。"吉尔轻声笑了笑，"毕竟，我从来就没见过我的亲娘……但是现在，我最终拥有的……是一个家。"

每当我致电服务、销售或是技术支持热线时，我都会想起吉尔·西，想到他为了把工作做好所付出的努力。我发现这可以有效地帮助我控制不满和愤怒的情绪，并把自己调节到较平静的心理状态。为此，我们都应该铭记在心，电话中心代表员工是一群在极度艰难的岗位上工作的人。他们是我们的盟友，是能为我们解决问题的人，而不是引起这些问题的人。

不管我们感觉多么烦躁，都要时刻提醒自己这些事实，这样可以使我们的抱怨和投诉得到有效的结果。经理和主管如果能对他们的员工以礼相待，周到地考虑他们的利益并尊重他们，就可以让吉尔和其他员工付出他们最大的努力。尊重电话中心或商场的客户服务代表的人格和体面，不仅可以解决我们的抱怨投诉，而且能防止我们成为公车站狂人。狂怒不会带来任何好处，只会让我们直接走向消费者的习得性无助。

尊重电话中心或商场的客户服务代表的人格和体面，不仅可以解决我们的抱怨投诉，而且能防止我们成为公车站狂人。狂怒不会带来任何好处，只会让我们直接走向消费者的习得性无助。

第八章
用抱怨改变社会

Squeaking as Social Activism

如果有一人可以做出改变,那么所有人都应该去试试。

——约翰·肯尼迪

2007年秋天，来自英国布莱顿的25岁童书作家贝琪·威廉斯在英国零售业巨头玛莎百货公司购买内衣。她注意到，DD及以上型号的内衣标价比那些小号的要多两英镑。威廉斯小姐的所需型号刚好属于DD以上的，她对这种标价差异感到极为不满。所以，她一回到家便立刻写信给玛莎百货，质问额外收费的缘由。这家百货公司回复了她的投诉，向她解释他们必须收取差价，这样才足以支付较大号内衣所需的额外材料成本。

他们的解释令威廉斯小姐极为愤怒。"大号的短裤他们也没有多收费，不是吗？"她反驳道，"大号的裤子也需要更多的材料，可它们的标价是一样的。"

威廉斯小姐又写了一封信给这家百货公司。信中她指出该公司逻辑上的错误，并再次对他们的不公平标价提出抗议。这一次，她根本没收到对方的回复。因而，她更是怒火中烧："玛莎是英国的名牌。他们口口声声说关心顾客，结果却这样敷衍我，太过分了。"

在此之后的好几个月里，被敷衍而别无选择的贝琪·威廉斯小姐和很多"大胸妹"谈论过她的投诉。在这个过程中，她遇到了许多共鸣。那些女人都同样对这种歧视性的标价方式义愤填膺。然而，这一情感共鸣的最初冲动并没有延续很久。因为经过这几个月，她发现向朋友诉苦并没能让她释怀，反而让她觉得更加沮丧。

"我不喜欢空口抱怨却不去改变，"威廉斯小姐解释道，"那样做是在浪费时间。"

后来，她听说之前有一个网页建设团队，他们向顶级巧克力公司吉百利申诉，要求它将一种不再生产的块状巧克力糖重新投入市场。

"我很震惊，让大家携起来手是这么有趣且简便的方式，"威廉斯小姐突然顿悟到这一点，"所以，我和一个朋友讨论了这件事。然后我们决定开始建立我们自己的网页团队来向玛莎抗议。我们的团队取名为'胸之公平'。"

"胸之公平"在大胸女性中掀起了轩然大波，几天之内，网页的注册用户便增至100多人。威廉斯把她的投诉信发给每一个成员，让每一个人都给玛莎百货写邮件。可是大家都失败了，这个零售商巨头拒绝调整价格，哪怕是一便士。之后，有一名记者偶然看到这个网页，并和贝琪·威廉斯取得了联系。没过多久，贝琪·威廉斯的投诉事件以及她的网页便出现在了一家伦敦的报纸上，之后发生的事情让贝琪·威廉斯大为吃惊。

"事情像病毒一样迅速传播！"在那件事情过了一年后，威廉斯小姐对我说道，声音里仍带着明显的惊讶。事情受到了全国性的关注，之后不到一周，"胸之公平"的成员总数便累积超过了8000名。而玛莎公司则只是发布了一项声明作为回应，反复强调附加用料的花费，决定坚持自己的立场。

威廉斯对此感到很失落："玛莎就是要告诉我们，他们是愿意为我们这种胸部尺寸的女人提供胸衣的屈指可数的几家公司之一，所以我们应该感激他们，他们让我们付的，我们就应该照付。"该网站成员也因玛莎公司的回复感到很失落。"胸之公平"论坛也因而变得更加活跃起来。女人们纷纷公开她们在玛莎遇到的其他不悦的经历。这个组织里的很多女人终其一生都在苦苦寻找适合自己身材的衣服。大多数身宽体胖的人都发育得早，因此她们总是在青春期时便挣扎在体形问题和自我意识的边缘。孩子们无法找到合适的衣服，成人们因为自己的体形而挣扎。这些都让她们感到更生气，让她们觉得自己成了边缘人群。

"组织里面有好多女人确实经历了艰难的成长期，"威廉斯解释道，"她们可能仅有十二三岁，却因为胸部较大被人们某种程度地与淫秽联系在一起。这些年轻的女孩们都感到特别难受。"其实，这个群体里的很多女人，仍然还在承受着艰难的青春期带来的心理创伤。从本质上说，该网站的成员无疑是在倾诉她们多年痛苦和沮丧的体验。女人们在讨论区里一起分享的经历，变得更加个人化，也更情绪化。"8000 名有过这些沮丧经历的女性开始侃侃而谈，分享她们各自的经历并相互支持。我们渐渐成了一个社区群体。"

玛莎公司邀请威廉斯参加了一个会议，他们许诺会和中国的制造厂商协商，商谈出可行的标价方案。但 2008 年秋，全球经济受到了巨大冲击，英国以及世界上其他国家都出现了严重的萧条现象。"玛莎公司开始打退堂鼓了，"威廉斯向她的组织公布了这一消息，"他们说在目前的经济环境下，他们确实无能为力。"

玛莎宁可冒险疏离对他们最直言不讳的近一万名顾客，这明显是它在客源方面目光短浅的表现。贝琪·威廉斯再次催促玛莎公司重新考虑他们的立场。但是，尽管已经有苗头显示公司与公众之间的关系即将崩溃，斗争一触即发，玛莎这个零售业巨擘仍然一意孤行，继续忽视这些女性的要求。

贝琪·威廉斯下一步采取了一个重大的举措。2009 年 5 月，她花了 3 英镑 40 便士购买了一股玛莎的股票。之后，她打电话给最初为她报道的那位记者，将她针对玛莎公司的计划透露给了那位记者。

"我告诉她，7月份我将参加玛莎的年度股东大会，到时候，我打算代表我们的组织亲自会见公司的主席斯图亚特·罗斯先生。"

贝琪·威廉斯和她的朋友公然会见公司的股东大会主席，这必然会引起公司上下的恐慌。这样的事情，无论哪个记者都不想错过。第二天，贝琪·威廉斯便前往伦敦，录制了一档收视范围极广的早餐时段电视节目，在节目中谈论了令人期待的她与玛莎公司的对峙。等她回到布莱顿的时候，她的电话就开始不停地响。不到四十八小时，玛莎公司就妥协了。

玛莎公司不仅同意对所有型号的内衣统一定价，还向贝琪·威廉斯和她的全体组织成员发了一封致歉函。最终，利用近在眼前的极好的促销机会，公司立即宣布大号内衣削价处理，以此开创内衣号码公平定价的新局面。公司的发言人承认："我们做错了！"他们的确做错了。首先是错在对大胸女性不公，而另一个更大的错误，是低估了像威廉斯这样的有效抱怨者的决心，也低估了积极抱怨分子能制造的强大的社会舆论压力。

贝琪·威廉斯最初只是就不公平的标价政策写了封投诉信，最终却创造了一个全国范围内的大变革，让全英国成百上千的女人都从中受惠。她一个小小的投诉，演变成了一项草根社会活动。关于威廉斯小姐的故事，一个最大的闪光点是，她没有请律师，没有分发小册子，没有示威游行，也没有得到任何经济上的援助，却在与英国最大的零售商的斗争中取得了胜利。她能够使用我们所有人唾手可得的工具，来取得这些胜利——那就是十足的毅力和网络，这两种工具都是免费的。

很多抱怨和令人恼怒的事件没能得到解决，原因是没有人带头去抱怨，去跟进，没人对此采取一些措施。事实上只要有一个人站出来说话，就足以说服他人加入，最终使整个群体受益。第二章里描述过的那个粗鲁的药店店员就是这样。刚开始，人们只是在嘀咕，可并没有采取任何行动，但当其中一人喊出要"采取一些措施"时，其他人都响应了，并很快采取行动获得了药店经理的注意。

如果我们和邻居或社区里的其他人有相同的抱怨，那么此时便是实践我们全新的抱怨技巧的一个绝好时机。当我们抱怨时，不要忘记让别人知道，因为大多数人可能都被同样的问题困扰着，说出自己的抱怨可能会激励别人也去这么做。

贝琪·威廉斯很好地掌握了这一技巧。她的网站发展成一个支持性的女性论坛，让那些有特殊体型或痛苦青春期的女人们讨论自己艰难的经历。她认为，如果因赢得了玛莎之战便放弃这样一个独一无二的高价值资源，那将会很可惜。

"这次的经历唤醒了我心中的某些东西，"当我问她下一步的打算时，她这样和我说，"我在管理一个网站，每个女孩都可以上去，也可以分享因肥胖而引起的复杂情感。如果我们可以给她们安慰，让她们觉得自己的经历很平常，帮助她们克服心中的坏情绪，那会非常棒。"有了成千上万的伙伴做她的坚实后盾，贝琪·威廉斯决定继续她的社会活动事业，以惠及全世界的女性朋友。

一个单独抱怨的声音，可以极为有效地为我们带来社会性的变化。当正义站在我们这边时，只要义无反顾地说出抱怨，并确保把事情提请相关人员，就足以让我们与政府、五角大楼抗衡，并一路所向披靡地直达白宫。

被抱怨推动的政府立法

2005 年 11 月 15 日，肯塔基州坎贝尔堡第 101 空降师的战士，

21岁的马修·霍利和三名战友在伊拉克因炸弹爆炸而身亡。几天过后，霍利悲伤欲绝的父母前往圣地亚哥的林德伯格机场接收儿子的遗体。

我们难以想象，他的父母有多么伤心，然而，他们的痛苦还将雪上加霜。当霍利的父母到达时，他们得知儿子的遗体正从特拉华州的一个军事基被运送回来——是通过美国航空公司一架飞机的货舱运送回来的，也就是说，马修的遗体没有军方仪仗队的护送，而是由民用行李代送者处理。这些工作人员把棺材放在行李推车上，推到航空货运站，在那里等待家属。

约翰·霍利自己本人就是一名老兵，得知自己儿子的遗体是由非军事人员用推车和叉架起货机处理后，他勃然大怒。他简直不能相信，军队居然让马修的灵柩就这样送回来，没有国旗，没有仪仗队的致礼，也丝毫没有对这些为国捐躯的勇敢战士表现出应有的敬佩和尊重。让约翰·霍利更为吃惊的是，这种将遗体转交给遇难将士家人的方式，竟然还是军队的惯常处理方式。

霍利先生明白自己必须做出行动。阵亡将士的家属，都会被安排一名对应军种的伤亡援助官员。霍利先生打电话给他的援助官，坚持要求必须由坎贝尔堡的仪仗队把马修的灵柩送出飞机，并且一定要在马修的遗体上盖上国旗。但是，美国航空公司属于民营，他们必须遵守固定且紧凑的航班时刻表，时间会成为至关重要的因素。

伤亡家属援助官开始慌乱地打电话，其中还有一通电话打给加利福尼亚的参议员芭芭拉·玻瑟。经过和航空安全监管人员的几番斡旋，他才从霍利所在的团里争取了仪仗队，并让他们及时赶往林德伯格护送马修的灵柩。约翰·霍利的儿子终于得到了适当的军葬礼遇。

但是，其他战士的遗体仍是按照极度无情的五角大楼程序处理的，这样的事实还是让霍利先生没法接受。于是，他向议会代表邓肯·亨特提交了一张申诉书。亨特是一名越战老兵，战后便当选为众议院军事委员会主席，并得到参议员芭芭拉·玻瑟的长期辅佐。亨特采纳了霍利先生的建议，主张为阵亡将士灵柩运送立法。如通过这项立法，可能会无形中导致军队为运送遗体增加上百万的费用。随着战争费用的激增，大家很担心这一条款无法获得通过。

约翰·霍利不愿意就这样放弃。痛失孩子的父母都得面对无以言表的哀痛，为了让这些父母能够得到应有的尊重，他威胁要公开国会每一个反对这项条款的官员的名字，并把他们对国家阵亡英雄的不支持和缺乏尊重的态度公之于众。没有哪个在职的官员敢冒险挑战这样负面的宣传。没多久，这项法案就在两院中获得了通过。布什总统于2007年10月17日签字，将条款列入法律。

投诉者中鲜有像约翰·霍利一样严肃的，也少有像他那样撕心裂肺的。霍利先生成功的原因是，他有必须这样做的心理和心态——他下定决心不让自己儿子的遗体受到不尊重的对待，他的坚定和决心在他的言行中表露无遗。

贝琪·威廉斯之所以在她的投诉上获得了成功，也正是有这样坚定的心理定位。我问她在和玛莎作战时，什么时候意识到自己可以获取胜利。对于这个问题，她很难做出回答，因为她从来没有想过她赢不了："当决定建立网站时，我就知道一切只是时间的问题。我只是想看看到了那个时刻他们为什么还不妥协。"

但是，刚开始玛莎公司并没有妥协。在三次不同的形势下，公司都顽固不化，一直挺到威廉斯的组织成立后一年。然而，贝琪·威廉斯（约翰·霍利也是如此）拥有坚定不移的决心和改变现状的基本信念，以及对她这一事业的正义感。

如果想进行有意义的投诉，一个重要的因素是要对自己的投诉有坚定的信念。人们是否会对另一个人道出抱怨，多数情况下取决于他们对自己有效抱怨能力是否有自信。运用本书中提到的方法，来锻炼并掌握有效抱怨的技巧，可以让我们对自己的能力更有信心，从而大大加强抱怨的有效性。

无论大事小事，相信自己抱怨的有效性，可以影响和改善我们周围的环境。自信地抱怨，可以让我们周围的世界变得更加美好。不论我们抱怨的事像贝琪·威廉斯或约翰·霍利那样有渗透全国的影响力，还是虽然琐碎但是却对我们所在的社区有重要意义。开口抱怨，一切都可能为之改变。

赞美与抱怨同样重要

生活经常为我们提供影响和改善社区的机会，我们只需提供正确反馈即可。去商场时，在餐馆用餐时，乘坐公交车或出租车时，或是与一个服务供应商交流时，我们都可以让对方知道我们对其服务或产品的看法。当然，我们大多数时候不需要小题大做，但是，当碰到极端情况，无论是好是坏，我们都有充分的机会去当一名积极的社区活动者。

大家都遭遇过商场里粗鲁的员工、肮脏的出租车或是餐馆里难以下咽的食物，我们的家人、朋友和邻居也有过类似的经历。如果能有更多人有效地抱怨，商场老板就能理直气壮地辞退粗鲁的员工；出租车司机在休班时会更卖力地对出租车进行清洁和通风；餐馆会改进他们的菜式，不再供应那些糟糕的食物了。

在纽约，粗鲁的服务员工没有受到多大的威胁。但只要有一个人敢站出来向负责人投诉，对方就会采取措施，让犯了错误屡教不改的员工打包走人，以更礼貌的员工取而代之。如果周边企业商家的工作人员都彬彬有礼，那么当地社区的口碑就会截然不同，邻里关系也会更和睦。通过投诉来促成社区里这些微小的改变并不困难，只需在日常生活中处处留心即可。我们只需睁大双眼，抓住这样的机会，为身边的商店和服务供应商及时提出反馈意见。

在改善社区方面，称赞可以起到和投诉一样的作用。然而，作为一个社区，我们在称赞方面的所为远不如投诉。每当我们享受良好的服务时，我们可能很开心，有时候甚至会把这些美好的经历与朋友分享，但对于为我们提供优质服务的人，我们很少心存感激。我们很少称赞身边的朋友、同事，甚至很少称赞自己所爱的人。

不要吝啬你的赞美

为什么我们在赞美他人方面如此吝啬呢？可能这是因为它看上去违背本性，开口称赞他人，不管从社交上，还是从情感上，总让我们感到不自在。和抱怨相比，人们认为称赞是更个人化更亲密的交流。正是这一暗含的亲密性，让大多数人感到不自在。

然而，从本质上讲，称赞并非亲密或私人的表现。它只不过是一种积极的强化方式而已（正如抱怨是消极的强化方式一样）。如果我们希望今后得到更多自己想要的东西，就要多加赞美，因为称赞能有效地提高这种可能性。把他们做得很好的方面告诉相关人员和公司商户，与让他们知道他们应该要改善哪方面具有同样重大的意义。当我们在餐厅享受优质的服务，在商场碰到知识广博的销售员，或遇到特别善解人意、乐于助人的客户代表时，我们都应该去称赞他们，并把我们印象最深刻的细节告诉对方。

这一方法其实比表面上复杂。即便我们已经下定决心来赞美他人，我们也总是不知道该用什么语言来表达。

"谢谢，你，呃……真好！"大多数人能做到的大抵如此。作为一种情感，这种赞赏听起来不错，但作为一种反馈机制，这样的赞赏没有起到任何效果，因为它没有细致和具体地传达出我们最欣赏他们所做的努力到底是哪些。换句话说，它根本没有对具体的事情起到强化作用。

相反，"你很有耐心，见识真广"——这样就明确了我们所欣赏的方面。当我们看到一个银行或邮局员工处理事情的速度比他旁边的员工快一倍时，我们大可以由衷地赞叹："你的速度真快，效率也很高，谢谢！"这就表达出了我们对其具体努力的欣赏。当电话中心的员工把我们的投诉处理得清清楚楚时，我们也可以感谢他们所做出的具体努力，说上一句："谢谢，你很亲切，很有耐心，也很善解人意。"

所有这些溢美之词，不仅仅是表示感激，也表达出我们希望对方今后将自己的优点发扬光大。不管是商场职员、服务生、邮局操作员还是出租车司机都会形成不以善小而不为的习惯，从而不断改善服务质量。而且，这种积极的社会动力可以一直自我繁衍下去，对我们的社区也产生积极的影响。

然而讽刺的是，在赞美方面，对于爱的人，我们甚至更吝啬。当我的病人描述他们的伴侣、朋友或是家庭成员对他们使用的最好的言辞时，我总是会问，那些人是否把赞赏表述得清楚、是否语重心长。我们在这方面往往做得不够。我们向配偶抱怨，可是当他们努力做出改变时，我们却没有将此放在心上，也没有将赞美的话说出口，没感谢他们按照我们的希望所做出的任何改变。

在日常生活中，提高我们的整体感受力，并把握称赞他人的机会，具有更深远的意义和更重要的作用。事实证明，称赞他人，表达谢意，特别是当发自内心做这一切的时候，不仅能让受到称赞的人心情愉悦，也可以让称赞的人心情变好。

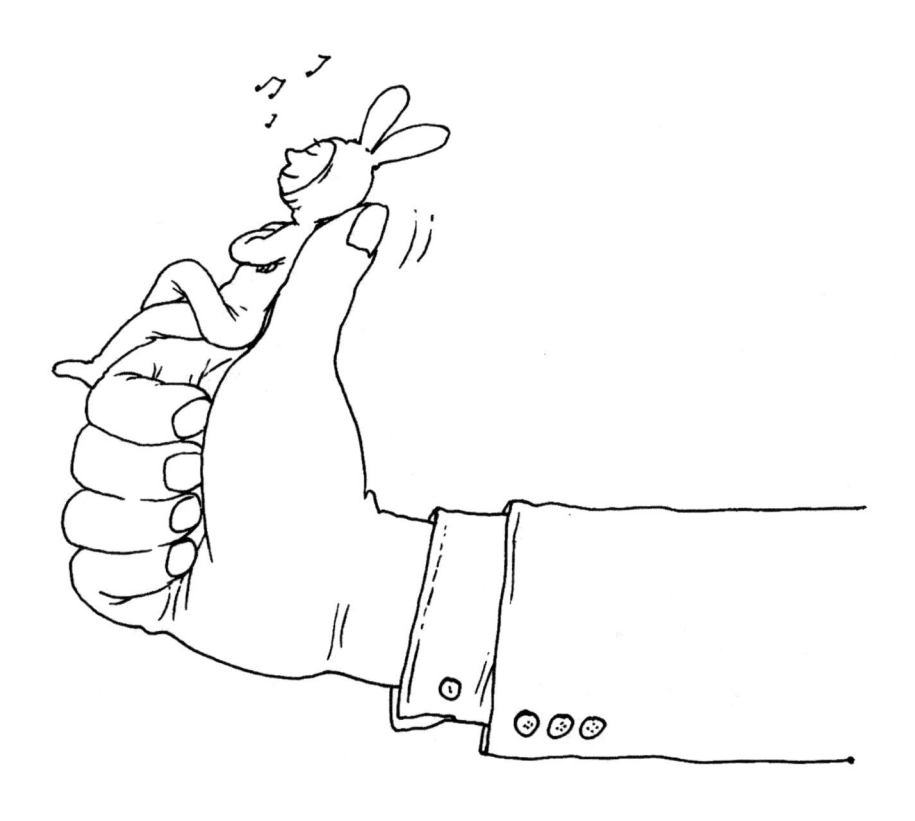

在日常生活中，提高我们的整体感受力，并把握称赞他人的机会，具有更深远的意义和更重要的作用。

那些对"感激的力量"持怀疑态度的人，可以简单地进行一次试验来亲身体验它的力量。我们只需等待服务供应商把工作做得真正出色，我们对他们报以发自内心的由衷笑容（记住笑的时候要出现鱼尾纹），还要用具体、真诚的言辞把我们的感谢说出来。只要我们做得恰到好处（鱼尾纹和真诚的感激），他们定会面露喜色，还会向我们回报一个带着鱼尾纹的微笑。

哪怕是对微小的事情进行抱怨和投诉，也能在细节方面改善我们的社区。它们的重要程度不亚于投诉那些大问题。很多的街坊邻居都注意到了微小的问题，但都没有采取多少行动。我们总是把抱怨和采取行动的机会留给他人。但是，既然我们自己可以成为有效的抱怨者，那么我们完全可以举起公民义务的旗帜。这样做不仅会带来满足感，也会让我们变得更强大。对社区里的小事进行投诉也是锻炼和实践抱怨技巧的不错选择。

当森林里的树木倒地时，纵使旁边没有人听，它也会发出声响。当我采访凯莉时，我发现，在曼哈顿，如果有棵树倒下了，人们非但充耳不闻，也视而不见。幸运的是，解决事情需要的只是一个会用心去倾听和观察的有效抱怨者。

用抱怨拯救一棵树

2007年4月，纽约市市长迈克尔·布隆伯格宣布了一项百万树木工程——利用国家投入以及私人捐赠，在十年内于纽约的五个区种植一百万棵树木。这一工程让许多渴望树木的纽约人欢欣雀跃。凯莉在纽约住了好多年，2008年，她也开始了自己的植树行动。虽然她只希望种一棵树，但她很快发现，在纽约，种一棵树和种一百万棵一样具有挑战性。

凯莉住在曼哈顿市中心的西村，对这一片地区了如指掌。种下一棵新树,大部分人可能注意不到,但却逃不过她的眼睛。同时,如果一棵老树枯萎了,她也会注意到。一个秋高气爽的下午,在凯莉住宅区附近的温蒂餐厅外面,一棵垂死的树引起了她的注意。从这棵树周围的泥土,就可以推断出它的死因。

"一些像臭水沟一样黏糊糊的让人恶心的东西。"回忆起来这些,凯莉不由得畏缩一了下,"那里真的很臭,都发出怪味了!"凯莉注意到,在土壤已受污染的苗圃边的人行道上仍然留有油污。尽管凯莉不是一名职业侦探,但只要稍微瞥一眼旁边的温蒂餐厅,就知道令这棵树早夭的罪魁祸首是谁。

凯莉走进温蒂餐厅,要求和他们的经理谈一谈。她向经理指出了外面被垃圾滋养的土壤,和葬身于此的那棵树。经理声称,树的死应该怪它自己,因为他们晚上要把垃圾放在那儿,可是这棵树却硬要长在那儿。凯莉向经理建议,既然树没法移开,餐厅应该把垃圾放得离树远一些,而不应该扔在那里。经理驳回了她的建议,嘴里嘀咕着反问哪个城市规定不允许那样做。

凯莉意识到,和这个明显不愿努力的经理谈下去是在浪费时间。于是,她决定把自己胜券在握的抱怨技巧付诸实践。她回到家,在谷歌上搜索了一下相关联系方式后,写了一封投诉信给温蒂餐厅的董事长兼首席执行官,并复印了一份,寄给纽约市公园与娱乐管理局的局长——阿德里安·贝内普。不到一个星期,她就收到了温蒂餐厅区域管理主任的回复,该主任把她的投诉信提交给了区域经理安迪·陈。没多久,陈先生便联系了凯蒂,说他会亲自处理这个问题,并保证在那个地方重新种上一棵树。

凯莉对温蒂餐厅的回应态度感到欣慰,但同时她也知道,在那苗圃现有的坏死土壤上,小树根本没法存活。陈先生倾听了她的顾虑,并同意把这些半放射性的土壤全部换成健康的新鲜泥土。然而,这些行动都需要得到市政部门的配合才行,可这并不是一件容易的事情。再加上现在已经快到年底了，植树必须要等到第二年春天了。陈先生承诺，他一定会坚持办好此事，有任何进展都会联系凯莉。

2009年春天，陈先生打电话给凯莉，告诉她新的小树终于落土扎根了，凯莉为他信守承诺感到高兴。但是，当凯莉看到这棵种在新鲜干净的土壤里的小树后，她就知道这棵树注定命不久矣。"每晚清理地板之后，餐厅依旧把他们的垃圾放在那儿，依旧把肮脏的化学污染废水泼到人行道上，"她在电话上和陈先生解释道，"那些有毒的化学物质会直接流进新的土壤里。这棵新树的夭折只是迟早的问题。"凯莉提议他们在树木苗圃四周砌上石砖，这样就可以阻止有毒液体直接渗进土壤里。

陈先生再次承诺会处理这个问题。凯莉第二次经过这棵树时，她看到小树的确由砌起的石砖保护着。而且，陈先生还做了额外工作，他在那里建造了一个锻铁围栏，这样人们就不能把垃圾直接扔在树干旁边了。小树至此终于安全了！如今，这棵树茁壮成长，这全靠凯莉的一树计划和它的保护神——温蒂餐厅超棒的陈先生。

除了凯莉投诉的有效性外，还有一个更引人注目的地方，那就是在抱怨过程的所有阶段，凯莉始终都没有说也没有暗示她也是温蒂餐厅的顾客——就好像她真的不是一样。但是，凯莉总是把纽约看成一个个小住宅区的集中营，人们总要出去找伙伴，侃侃双方关心的事情。凯莉相信，即使是在像纽约这样的大城市，"抱怨和投诉也是市民改善社区的另外一种方式。"温蒂餐厅的管理文化和陈先生也明显对此持相同看法。

2009年7月，凯莉写了最后一封信给温蒂餐厅的董事长兼总裁——罗兰·C.密斯。在继投诉信后，她写了一封发自肺腑的致谢信，充分显示了凯莉消极反馈和积极反馈并重的投诉技巧。在信中,她对公司重植树木的举措表示郑重的感谢,并称赞公司"在这件事情上做得非常出色,非常得体"。她还特别提到安迪·陈先生,称赞他的关怀和责任感,这是每家公司都应引以为豪的。至于最开心的,当属这棵新植的树和它周围的土壤了。

当然,在纽约和其他大城市,还存在比死树严重得多的问题。但指导我们处理这些问题的原则都一样。我们应该有效地把问题说出来。温蒂餐厅的地方分店经理并不热心帮助凯莉,但也许是因为他心有余而力不足,没有重植新树的权利。

其实,我们应该确保为自己找对投诉对象,这点是关键。具体来说,我们首先需要确定,谁有能力对我们所寻求的事情做出改变,之后,我们应该直接向他们抱怨、投诉。这样做,可以让我们的投诉问题得到更快、更彻底的解决。否则我们就得经历拖沓的烦冗程序,一步一个企业渠道,一次一个行政部门地向上摸索。

发声比沉默更有力量

生活在充满无效抱怨者的社会,我们享有一种巨大的优势。那些希望影响社区、改善社区的人成功机会其实比自己所意识到的要大得多,因为这个过程中存在一种被称为"过度代表"的现象,使少部分开口抱怨的人比沉默的大多数具有更大的影响力。当少部分人表达他们的想法时,他们的影响力要比他们的少数派团体拥有的影响力大得多——他们代表的已经超过了他们本身。在我们的社会中,过度代表的现象每天都在发生,因为我们大多数人都利用了那些潜在机会中的一小部分来使自己的想法为人所知。

过度代表在选举过程中最为典型。每一届的大选或两年中期初选,我都参加了投票,但是,当只涉及市或州的政治时,我一般都会退出投票。为什么我会在地方选举时弃权，而此时那些竞选者明显和我的生活有直接的关联，这是个好问题。但这样做的，绝不只有我一个人。

事实上，2008年大选中，选民投票率是62%，而在非大选年时，一些州的选民投票率跌至不到25%。如果我们只有1/4的人参加投票，那么，和投票率100%的情况相比，这1/4的投票人员，对选举结果就会有4倍的影响力。这种情况下，在一个大规模的投票中，参与了投票的小团体就过度代表了选举结果，这时候，他们的政治影响力比起他们的人数要大得多。

另一类过度代表的例子是在消费者调查中。走出商场时，我们都会在收据上面发现调查问卷（通常列在收据的底部——公司迫切需要顾客反馈时才会特意列在收据的顶部）。这些调查表给我们提供了简便快捷的反馈途径和表达具体投诉问题的方式，因为大多数的调查表都为我们提供了描述任何"不满事件"的选择。然而，就算公司、机构和政府服务部门——从服装品牌GAP到百思买，从星巴克到美国邮政服务的所有人都祈求得到我们的反馈意见，我们大多数都拒绝利用这样的好机会说出自己的想法。

作为一个典型的例子，很多调查需求者甚至开始为消费者提供一些抽彩活动，以现金券或百万美元的疯抢活动作为接受调查者的奖赏。但是很明显，有可能赢取抽奖箱里的几千美元、泡泡包装的产品和荷马·辛普森（卡通片《辛普森一家人》中的人物）邮票，这样的事情对我们来说根本没有诱惑力。

对公共团体的不安疾呼被无助的公众无视的现象，我向约翰·A.古德曼询问了他的看法。他提到，如今很少人注意这些随处可见的调查表，甚至有人不知道它们的存在。"在线调查是一种新型的评论卡，"他这样评论道，"不过它们彻底被人们忽视了。仅有1%~2%的人会完成这些调查表。"

我问一名星巴克的经理，一个月有多少人完成他们的客户调查表。"如果有 15 份，我们就会喜出望外，不过 10 份就已经能满足我们的期望了。"这就是他的回答。每月往来顾客数以千计，却只有十个人做调查反馈！

如此低微的反馈率对于公司和政府服务部门来说可不是一件好事，但对于消费者来说却是个好消息。那些做出反馈意见的人，绝对能在结果上产生更大的影响力。我们一个单独的意见也许就足以成为压倒一家公司的最后一根稻草，迫使他们处理那些最困扰我们的事情。

曾经有一次，我完成了一项百思买电器商场的调查，并就其代表员工不够专注这一问题做了具体的投诉反馈。第二天早上，我的收件箱里收到了一封未读电子邮件，是百思买分店经理詹姆斯·劳伦斯发来的致歉信，他对我所投诉的问题表示歉意，并提供了他个人的直拨电话号码，还指派了一名销售人员亲自为我做商场引导。我感谢了他的好意，因为我已经买到了要买的东西，但不管怎样，这件事还是令我印象深刻。

"商业机构无疑在寻找愿意接受反馈调查的消费者，"古德曼很确定地说（虽然同时他也指出，在网上调查方面，对于消费者明确具体的投诉，很少公司能像百思买那样做出积极回应）。

商业机构也开始关注一些在线消费者评论网站，如 Trip Advisor（全球领先的旅游评论网站）和 Yelp（美国最大的点评网站），以及 Twitter 和 Facebook 等社交网络上的评论。现在 Trip Advisor 和 Yelp 都允许商业公司回复消费者的评论，很多公司现在也已经在这样操作，有时甚至在这方面做得很积极。一些小企业主细致搜索并阅读网上关于他们的每一条评论，尽可能为我们提供简便渠道，将我们的看法和观点告知能够解决问题的人。

但是，仅在网上完成消费者调查，发出一个人的声音就能带来改变吗？贝琪·威廉斯拥有几千名支持者，可为了成功地达到投诉的目的，她还是花了几年的时间。当我们明知自己在投诉抱怨时势单力薄，我们是否还有必要只身去抱怨呢？

换一个灯泡需要投诉几次？

在纽约大学读研究生时，我住在曼哈顿东村一个稍显破旧的地方。公寓很破败，但租金低廉。遗憾的是，公寓大厦的物业经理也更穷。每次遇到什么东西出故障时，要把它们修理好简直像是一场战斗。一天，装在楼层入口处13英尺高的天花板上的日光灯突然短路了。楼管说，只要他一得到物业管理员的许可就会立刻把它修好。为了加快进程，我亲自打电话给物业管理员。当然，没有任何结果。第二天我在楼梯天井碰到一个邻居，她说她也会打电话反映这个问题，可对方依然没有回应。一周后，她又提醒另一个邻居去投诉。打完第三个投诉电话那天，几个小时内，就有人来重新安装了一个新灯泡。

就投诉而言，三通常是个神奇的数字。一个投诉可能被视为例外，两个投诉被认为是巧合，但是三个投诉则代表了无可置疑的事实，足以吸引到大部分人的注意。如果我们的投诉是大家都关心的大众问题，而大多数人也都对这些问题感到懊恼，那么此时，上面这一结论就可能非常有用了。

例如，很少人乐意在与医生预定的见面时间内到达后，却要在会客厅等上两小时。与此相类似，很少有女人愿意在公共场所排着长队等着上洗手间，这足足要花费比男人多两倍的时间（罗马帝国时期偏爱男女通用的公共洗手间，可在这之后情况对于女性的膀胱来说越来越糟糕）。还有，很多中小学的孩子每天都在为了完成超额的家庭作业而奋战，根本没什么时间做其他事情。

所有这些再普通不过的抱怨，都很好地反映了同一种情况，即仅靠一个人的力量很难产生足够的影响力。通常，当决策者听到三个不同的人就同一件事进行投诉，就足以催促他采取行动。下次在医生的候诊室里无聊踱步，或是在球赛中场休息时为了控制膀胱而坐立不安，又或是帮我们 11 岁的孩子解决第 97 道数学题时，我们就应该对这些问题采取一些措施。

解救被作业淹没的孩子

我先是见了蒂莫西——一个安静的体重超标的 11 岁男孩，因为学习成绩下滑，被他妈妈送带到我这儿接受治疗。和蒂莫西谈了几分钟后，我便断定，他的心情、自尊心和总体快乐感都和成绩一起下滑了。蒂莫西在曼哈顿的一所顶级私立学校上学，一个成绩下滑绝非小事的环境。

我询问蒂莫西一天的生活。他每天早上 6∶30 起床，以保证在八点之前到达学校，他下午 4∶30 才能到家。回家后他匆忙吃些点心，接着根据当日情况，去上钢琴课或是数学辅导课。晚上七点吃完晚饭后，他就开始做作业，每晚都要做 2 到 3 个小时。我在心里快速算了一下，发现他每天平均有 13 个小时坐在课桌旁。他的情况并非罕见个例。对蒂莫西来说，花那么多时间在功课上是跟上进度并保持学业处于中上游的唯一办法。

为了做一个比较，让我们试想一下，如果蒂莫西一天 13 个小时坐在缝纫机旁，而不是在书桌旁，情况会怎样。可能我们对这种情况的非人性化感到骇然，因为在这样的"血汗工厂"，孩子们受到了惊人的虐待。

蒂莫西还远不止被虐待。他每天要面对堆积如山的作业，他经历的其实和血汗工厂里的孩子有相通之处——童年生活都被剥夺了。因为学习任务繁重，他基本上没时间做他真正喜欢做的事，比如和朋友一起打游戏、看电影或下棋打牌。至于周末，蒂莫西要么忙着复习考试和完成学校特殊项目，要么忙着和妈妈争吵关于复习考试和完成学校特殊任务的事情。

到了小学四五年级，当然还有中学，很多孩子每晚都要花好几个小时在家庭作业、应试准备、论文或调查上，这还不包括他们在学校度过的八个多小时。然而，反复的研究表明，在小学，学生的学业成绩和家庭作业并无多大关系，在中学，也只是稍微有点联系而已。相反，玩耍是孩子们健康成长的一个必备项目。它对孩子们的创造力、社交技巧、甚至他们的大脑发育都有莫大影响。缺乏娱乐玩耍、体能锻炼和自由的社会交流会对很多孩子造成极大的不良影响。另外，缺乏这些项目还极大地影响着人们的健康，从随处可见的儿童肥胖、失眠、自尊心低落和抑郁症就可见一斑。

对于3岁到12岁孩子的学业成绩来说，是否有定期的家庭聚餐是一个比家庭作业更强有力的预见性指标。家庭聚餐可以给家长提供尽责的机会，表现父母的关爱和参与，提供监督和支持。家庭聚餐越频繁，孩子的表现越佳，对于10岁之前的孩子来说更是如此。频繁的家庭聚餐，还可以帮助纠正青春期孩子不规律的饮食行为和习惯。

这一领域的专家建议，孩子每升一个年级，每天的家庭作业增加量都不能超过10分钟。五年级的蒂莫西每日的家庭作业量不能超过50分钟（而实际上他的作业量是这个的三倍）。如果孩子每天晚上增加两小时时间玩耍、放松或见见朋友，那么，他们的生活质量会有很大的提高。

所以，当孩子的作业量太大时，应该怎么做？我们应该向老师或学校投诉。《反对过多家庭作业的案例》(*The Case Against*

Homework: How Homework Is Hurting Our Children and What We Can Do About It）的作者莎拉·贝内特（Sara Bennett）认为，大多数父母都不清楚，过量的作业对他们孩子的学业成绩所起的作用微乎其微，孩子年龄越小（特别是四岁之前）越是如此；他们也不知道自己可以就此向老师或校长投诉。

要改变学校政策，对私立学校来说，往往比在公立学校更容易。然而，即便在公立学校，也可以把专家在作业量方面所做的研究告知老师或校长，这是一个良好的开始，甚至是在这一系统内与他们结成同盟的更佳方式。

如何缩短在医院排队的时间？

如今，美国人在诊所里待的时间更长了，不是因为我们健康状况每况愈下，而是在大多数医生办公室里的等待时间已经达到了令人暴怒的程度。为了遵守预定的约见时间，我们准时到达医生的候诊室（当然，路边诊所另当别论），等上好些分钟，甚至好几个小时，最终才能轮到自己。到了检查室后，我们又得等，通常还要再过15到30分钟，医生才匆忙赶来。之后，医生又要离开，让护士先帮我们做一些验血工作（护士远比医生准时多了），然后，我们又要等医生过来。就这样等了又等，仅一些最基本的就医程序，就要花好几个小时，而其间与医生面对面的时间往往还不到5分钟。

显然，问题在于整个体系。

医生通常同时约见好几个病人，然后在诊疗时往返于几个诊室之间。在同一个时间段约见多个患者，使得医生可以处理更多病人，从而赚取更多费用。然而，任何一个病人的病情稍微复杂一点，其他病人都会被扔下，必须要花很长的时间等医生回来。

我们大多数人都会认为这种做法不仅极为不便而且令人恼怒，更不用说对我们的极不尊重了。

我很好奇，是否有研究曾调查过过长的等候对病人的忠诚度和随之而来的诊所运营有什么影响。其实是有的，正在做这些研究的人就是约翰·A.古德曼。古德曼曾受邀为一家领先的医疗保健供应商做咨询，他的团队罗列了四个可能对他们的底线有负面影响的主要问题。问题之一便是在就医过程中漫长的等候时间。

"通常那些主治医生才是问题所在，"古德曼解释道，"他们总是满额约见病人。所以他们就要在这些额外的诊疗中周旋。一位记录约见时间的护士告诉我，她通知病人十点来就诊，但往往要提醒他们带上午餐。"

我问古德曼情况变得有多不堪，他的回答让我略感震惊。"在我们所观察的某些诊所里，病人的平均等候时间是五小时。"古德曼回答道。什么概念啊！五个小时！

我们很少有人会投诉在医生办公室里等候过久，而能向正确的人投诉的就更少了。可能我们会和护士或接待员抱怨不满，但很少有人胆敢在接受检查时向医生说出自己的不痛快，而大多数人都只是在沉默中怒火中烧。当然，这并不是普通的抱怨情况。当自己只穿着内衣和睡袍，整体形象恰似一卷皱巴巴的卫生纸时，我们很难自信、坚定地面对权威人物。而且，我们有肯定的理由不采取投诉措施：我们不确定应该向谁投诉；担心投诉不会带来好的结果；害怕被投诉方报复（在就医时，被投诉方是有权将针扎进我们体内的）。

因此，几乎很少有人会写信给医院的病患关系办公室、诊所的办公室经理或医疗队伍的主治医师，向他们投诉我们漫长的等候时间。但是，医院和诊所都是商业机构。他们是为顾客服务而存在的——也就是我们。留住顾客对他们来说很重要，尤其是考虑到大多数病人与医生长远的关系时更是如此。因此，给主任医师、诊所经理或医院的董事长写信，威胁他们我们要去其他医院看背痛、貌似可疑的斑痣和不得安宁的肠胃问题，这样肯定可以引起他们的注意。

我请教古德曼要写多少封投诉信才能促使诊所对过长等候采取对策。"如果医生收到三封投诉信，他们就会开始调查情况。"古德曼很确定地对我说。这时，"三"又一次成为促使人们认真对待投诉问题的神奇数字。

因此，下次发现自己就医等待过久时，如果我们在医疗室看到还有其他恼怒的病人在等待时不停地看表，嘴里不停嘀咕着，那么我们只要号召另外两个人加入到我们的投诉队伍中即可。给他们一人发一封你自己的投诉信，并让他们发送一封自己写的版本给负责人。为了达到最佳效果，最好分别间隔几天或几周投送这三封投诉信。

抱怨争取来的"如厕平等权"

2005年，纽约市市长布隆伯格通过了厕所平等法案。这项法案已搁置了很久，该法案要求在一些新建或翻新过的公共场所，如电影院、音乐厅、地铁和体育场，每建造一个男厕所时，要建两个女厕所。至此，长久以来的不公平才得到最终解决。从此女人就不用花男人两倍的时间来排队上厕所了。

布隆伯格市长并不是第一个支持这项事业的人。这一殊荣应该归于乔治·华盛顿大学法学院的约翰·班扎夫（John F. Banzhaf Ⅲ）教授。班扎夫教授在2002年就向联邦提出了"如厕平等权"的提议。为在全国推动如厕平等法律，他孜孜不倦地奋斗着，最终，也为自己赢取了"如厕平等之父"这个不甚光鲜的称号。

当然，这样的立法，绝对不是未加思索便做出的草率决定。学术上也早就以科学的形式证实了卫生间不公平的恐怖情况。弗吉尼亚理工学院的桑德拉·罗尔斯（Sandra Rawls）的博士论文设计的就是这一问题——《男性与女性使用卫生间的不同行为模式》（*Patterns of Behavior in the Use of Male-Female Restrooms*）。维吉尼亚理工学院的赛凡纳·戴（Savannah Day）也研究了不同性别在卫生间里的行为差异。提醒一下，大家可能都知道这个问题的答案，但最重要的一点是，与男性行为的差异使女性要花两倍的时间。

那些住在社区里但仍未触及厕所平等恩泽的人也许会有疑问，应该怎样做才能把这一文明开化的政策引入自己的社区呢。一般来说，参考其他地方经过讨论而生效的投诉，可以节省我们很多时间和精力。既然这个问题牵涉到立法，我们应该把投诉信提交给那些在职官员。最好的做法是，确定一位当地正准备再选的议会代表或议会成员，然后把投诉信发送给他们。我们也可以收集"如厕平等之父"提交的合法议案的复印件。

既然很少有人向在职的官员投诉这类问题，那么，向任意一个候选人投诉，就足以催促他采取行动，在选举期内这样做尤其有效。我们也可以在写给这位候选官员的投诉信中提示他们，如果他在这一问题上采取解决措施，那将能让50%的选民受益，这绝对可以让他在竞选中胜出。另外，他们所付出的努力，也很可能引起当地媒体的注意，从而得到其所在地区备受膀胱折磨的女性选民的支持和青睐。

有效抱怨带来完美世界

如果我们当中有更多的人把自己社区存在的亟待改变的问题大胆说出来，如果更多人能有效地抱怨，而不是把怒气发泄给空气，如果对极其平常的投诉，也有更多人要求获得受理和解决，那么我们的集体力量将会产生多么大的影响力呢？最终，当地的商家都将优先考虑我们这些消费者的需求和愿望，他们在服务质量上必将更上一层楼。我们走在大街上，进入商店或餐厅，知道接待我们的将会是亲切、友善、乐于助人的员工，他们反过来也会促使我们更亲切、更友善和乐于助人。

此外，如今虽然已经有人投诉过度，可当涉及客户服务、产品开发和可靠性问题，尤其是涉及消费者投诉的处理方面时，仍然有很大的改善空间。我们绝不该把一天的时间都耗在医生的候诊室里；在电话中心员工把我们的电话三度转接时，不该遇到始终无法接通的悲剧；我们也不应该受到粗鲁的商店员工的羞辱。通过有效地抱怨，并号召别人加入我们的投诉行列，我们可以让社区得到改善，可以开展自己的社会行为活动，可以改变世界。

在个人生活上，我们也可以做出同样意义重大的改变。只需把那些困扰着自己的事情大胆说出来，并以能长远地促进和改善人们彼此关系的方式去做。另一方面，当朋友或家庭成员说出他们的不满时，我们也应以更耐心、更积极的态度更好地去接受他们的抱怨。如果接受抱怨的一方能做出更好的反应，双方就能轻易地将问题转化为进一步讨论的机会，从而让我们更快乐、更满意、更愉悦。

虽然大多数人都能够用有效抱怨来增强自尊心，加强自身心理健康，但很多人不知道，当事不遂愿时，抱怨也是一种心理工具，它可以杜绝我们产生听天由命的态度和无助感，这些消极感会把我们逼到崩溃的边缘。对再微小的事情进行有效抱怨，都能让我们感觉更自信，更有能力、更积极，这样一来，我们也会更有能力、更自信地处理生活中其他方面的问题。我们也会更有动力去接受新的更大的挑战，而在此之前，对这些挑战我们可能一直都抱着敬而远之的态度。

如果贝琪·威廉斯没有打赢玛莎之战，她可能永远不会开创通过网页来帮助年轻女性的事业。如果没有在为儿子的遗体争取尊重上最终取得胜利，约翰·霍利也许永远不能改变阵亡将士遗体被毫无尊严地运送回家的传统。

我们可以——而且应该——从最触手可及、最微小琐碎的问题着手，因为一个成功有效的抱怨能引起更多的连锁反应，使得其他问题也更易于解决。每天都是一个机会，我们可以通过便携式电子记事本索引系统，搜索身边的不满，先选定其中一个，然后运用本书中提到的抱怨技巧和指导原则开始我们的抱怨事业。最终，我们的自尊心、心理健康和人际关系以及我们的社区都会从中受益。

与此同时，我们还可以掀起一场真正的变革或是一场草根运动，让我们的生活、家庭和社区变得更美好。如果下次发现自己在向身边的朋友倾诉不满，而不是直接向那些能采取措施改变问题的人投诉时，我们应该记住，如果要进行自己的心理革命，我们只需要从向朋友抱怨的那一个问题入手。每一天，我们都面临着生活带来的新挑战。我们不缺问题、不满或抱怨，我们可以随意选择。现在该是储备一些解决方法和决心的时候了。毕竟，我们只要有效地抱怨就可以了。一切改变距离我们只有一步之遥，不是吗？

作者说明

当讨论我的来访者时，我尽可能地掩饰了他们真实的身份资料。因此，本书中出现的所有来访者姓名均系虚构。此外，我给比尔（第二章出现的我的朋友）以及凯莉（第八章中一棵小树的拯救者）都使用了化名，以此保护他们的隐私。除此外，本书中提到的其他所有人都使用了真实姓名。

我竭尽所能用科学研究的成果来支持我的观点，大量涉猎了科学杂志中刊登的研究成果。我不得不承认，关于抱怨以及它们对我们的心理和感情造成影响的一些想法（例如抱怨疗法的优点），仅局限于我个人的观察以及研究的病例，它们还没有经过科学研究实证，在书中写到的时候，我都尽可能指出了它们的缺陷。

我也将本书涉及的几个话题的额外信息囊括了进来，例如顾客维权群体、父母处理孩子吸毒的问题、父母可以去哪里求助以及如何处理学校布置的家庭作业过多的情况。所有这些信息都能在本书对应章节中找到。

致谢辞

当我第一次向经纪人透露我想写一本关于抱怨心理学的书时，米歇尔·泰斯莱当即毫不犹豫地回答道："写！"语气果断有力，没有给我留下任何犹豫的余地。从最初的建议到最后成稿，在本书研究的每一步都留下了她的积极专业参与。我的编辑——瑞士沃克公司（Walker & Company）的杰奎琳·约翰逊为我提供了宝贵的专家意见、建议以及建设性的精彩社评，更不用提她在这项工程的整个过程中给我提供的支持和勉励了。

我也想对本书手稿的读者所费的时间和努力表示感谢，本书的质量因此得到提升，他们是：杰西卡·兰克曼、艾米丽·爱泼斯坦、卡拉·布伦德勒、珍妮弗·荷佛特博士、理查德·莱夫、罗伯特·凡陶齐、鲁蒂·科恩、琼·沃德、罗布·奈费尔、罗恩·鲁道夫、路易斯·伸仑，尤其是拉奎尔·德·阿皮切，他提供给我的细致建议弥足珍贵。

在撰写本书的整个过程中，我的家人都鼎力支持，一有合适机会，他们便迫不及待地尝试我在书中建议的技巧。他们的反馈和鼓励极其有益。我的兄弟吉尔·温奇博士是我在撰写本书过程中和每一个思想、问题、怀疑以及想法搏斗的坚实后盾。他是本书的第一个读者，书中的每一个字他都细细研读过，无一遗漏；他也是第一个给我提出反馈意见和给我鼓励的人。我对他的谢意无以言表。

我应向我的病人们表示深深的谢意，尤其是我在本书中讨论过的个案。要向一位治疗师敞开心扉并袒露至深之情需要莫大的力量和勇气。他们教会了我许多，也在众多方面给了我深刻的启发。

有几位挪出了大量时间来回答我提出的许多问题，并开诚布公地将自己的想法和洞见与我分享，他们是从事网络工作的吉尔·查姆菲兹、罗宾·科瓦尔斯基教授、贝琪·威廉斯、凯莉、比尔，尤其是约翰·A.古德曼教授，感谢他在百忙之中抽出时间和我在纽约会面，将他几十年的智慧和经验无私地与我分享。

最后，我要感谢三位心理学家，他们在我事业生涯的不同阶段给了我指导，帮助我塑造了专业发展方向，他们是西尔玛·E.洛贝尔博士、阿德尔贝特·詹金斯博士和戴安娜·福沙博士。他们的影响和教导不仅激励我成为一名优秀的治疗师，也激励我写作至今。

图书在版编目（CIP）数据

抱怨的艺术：不委屈自己、不伤害他人的说话之道/（美）盖伊·温奇博士（Guy Winch, Ph.D.）著；李娟，王秀莉译. —上海：上海社会科学院出版社，2017

书名原文：The Squeaky Wheel: Complaining the Right Way to Get Results, Improve Your Relationships, and Enhance Self-Esteem

ISBN 978-7-5520-1936-0

Ⅰ.①抱… Ⅱ.①盖… ②李… ③王… Ⅲ.①人生哲学—通俗读物 Ⅳ.① B821-49

中国版本图书馆 CIP 数据核字（2017）第 058446 号

Copyright © 2011 by Guy Winch, Ph.D.
This edition arranged with Tessler Literary Agency
through Andrew Nurnberg Associates International Limited
上海市版权局著作权合同登记号：图字号 09-2017-142

抱怨的艺术：不委屈自己、不伤害他人的说话之道

著　　者：	［美］盖伊·温奇博士
译　　者：	李　娟　王秀莉
责任编辑：	杜颖颖
特约编辑：	七　月
封面设计：	主语设计
出版发行：	上海社会科学院出版社
	上海市顺昌路 622 号　邮编 200025
	电话总机 021-63315900　销售热线 021-53063735
	http://www.sassp.org.cn　E-mail: sassp@sass.org.cn
印　　刷：	北京凯达印务有限公司
开　　本：	710×1000 毫米　1/16 开
印　　张：	16
字　　数：	180 千字
版　　次：	2017 年 6 月第 1 版　2017 年 6 月第 1 次印刷

ISBN 978-7-5520-1936-0/B·214　　　　　　　定价：39.80 元

版权所有　翻印必究